TILER
타일러 **타일의 기술**

contents

25년 경력의 타일러가
직접 그림을 그려가며 알기 쉽게 설명해 주는
이 세상 단 하나뿐인 진짜 타일 기술책!

contents

목차

프롤로그	6

chapter 1 타일러   8

타일러란?	10
타일러가 되는 방법	11
훈련 준비	14

chapter 2 기초 이론 훈련   16

타일의 종류와 특징	20
타일 부자재의 종류 및 특징	23
타일 공구의 종류	28

목차

chapter 3. 실전 시공 훈련 — 34

욕실 벽 타일 시공(타일 본드, 덧방, 300×600타일)	37
욕실 바닥 타일 시공(압착 시멘트, 트렌치 시공, 덧방, 300각)	61
주방 벽 타일 시공(헤링본, 방수 석고, 타일 본드, 100×300타일)	75
현관 바닥 타일 시공(육각 타일, 압착 시멘트, 면치 시공)	85
발코니 바닥 타일 시공(시다지 작업, 쪽타일)	95
세탁실 타일 시공(벽, 바닥, 압착 시멘트, 코너비드, 유까)	107
거실 아트월 타일 시공(반타기 시공, 에폭시, 600×1200타일)	117
거실 바닥 폴리싱 타일 시공(600각, 난방용 드라이픽스)	122
포인트 벽 타일 시공(고벽돌 타일, 본드, 외장 줄눈제)	133
현관 벽 타일 시공(모자이크 타일, 타일 본드)	139
줄눈 시공	146

chapter 4. 타일 시공 집중 학습 — 154

타일의 시공 면에 따른 타일 시공	156
톱날 고대 & 단차 맞추기	166
수직·수평 맞추기	178

chapter 5 기타 관련 시공　184

앵글밸브 풀기	186
테프론 & 메꾸라	187
조적	188
욕조 설치	191
전선 연결법	199
욕실 벽 배수 설비	200

자가 기술 테스트	202
첫 시공 잡기	203
인테리어 현장	204
GOOD TILER	205

에필로그　206

프롤로그

타일러는 누구나 인정하는 대표적인 고소득 직종이다.
또한, 현재 국내는 물론 해외에서도 타일러의 수가 부족해서
'기술 이민'을 갈 정도로 인기 있는 유망 직종이다.

타일러의 수가 부족한 이유 중 하나는,
타일은 다른 공정보다 기술 습득이 어렵고, 체계적으로 배울 수 있는 곳이 없다는 점이다.
그래서 제각기 어깨 너머로 개인이 습득한 실력을 가지고 현장에 투입되다 보니
소위 '엉터리 기술자'가 많을 수 밖에 없다.

필자 또한 이십 오년 동안 현장을 쫓아다니며 직접 기술을 배우고 익혀오면서,
간단한 기술이나 Tip 하나를 얻기 위해서 수없이 많은 아픔을 겪어야만 했다.

「아픔을 겪을 때 마다 제대로 기술을 알려 줄 단 한 권의 책이 너무나도 절실하고 아쉬웠다.
 그 이후에도 지금까지 타일 시공에 대한 '기술'을 가르쳐 주는 책은 없다」

그런데, 필자가 이 책을 쓰다 보니 타일 시공에 관한 책이 없는 이유를 조금은 알 것 같다.
일단 기술을 이론적으로 알기 쉽게 설명 할 방법이 없다는 것이다.
그렇다고 해서 상황에 딱 딱 들어맞는 타일 시공 장면들을
억지로 연출하거나 촬영할 수도 없고 그렇다고 한들 시공 장면에 설명을 붙이는 것 또한,
쉬운 일은 아닌 것이다.

필자가 생각한 가장 합리적인 방법은 그림으로 설명하는 것이다.
그래서, 필자는 그림을 '그려서' 알려 주는 방법을 선택했다.
그런데, 이 그림이라는 것이 누군가에게 부탁해서 그릴 수 있는 것이 아니다.
'기술과 섬세함을 필요로 하는 그림'들 이어서
결국은 필자가 직접 그림을 그릴 수 밖에 없었다.

「그림 속의 손동작 하나하나, 요소요소가 다 이유가 있고, 계산된 '기술'이기 때문이다」

TILER

지금까지도 없었던 타일 시공 기술 책이 앞으로도 없을 수 밖에 없는 이유가
이 한 가지 면만 봐도 충분할 것 같다.

이런 필자의 땀 방울이…

만일 이 한 권의 책으로 '타일러'의 기본 능력을 갖추는데 도움이 될 수 있다면,
결코 나의 노력이 헛되지 않았음에 감사할 것이다.

이 책의 구성

이 책은 일반 아파트 공사에서 시공되어 질 수 있는 거의 대다수의 시공을 담고 있다.
또한, 조금이라도 더 다양한 케이스를 알려주기 위해서 시공 스팟(SPOT)마다
각기 다른 종류의 타일, 각기 다른 종류의 부자재, 그리고 여러 가지 시공법으로 구성해 봤다.

단언컨대, 이 책의 모든 시공 이론만으로도
현장에서 요구되는 일반적인 타일 시공의 기술은 충분하다.
(각기 내용들을 완전 숙지하고 응용, 그 외 타일러가 알아야 할 정보들도 수록)

이 책과 더불어 현재 집필 중인
[인테리어 시공마스터 기술교재 Ⅰ,Ⅱ]와
[실전 시뮬레이션 시공 시리즈Ⅰ,Ⅱ,Ⅲ]까지 섭렵한다면
타일러를 넘어 '인테리어 전문 시공자'의 독특한 기술 단계에도
이를 수 있을 것이다.

CHAPTER 1 타일러

이번 장에서는 이론에 들어가기 전에

타일러란?

타일러가 되는 방법

훈련준비

에 대해 알아보도록 한다.

타일러란?

- 타일을 시공하는 사람을 'TILER' 라고 부른다.
  타일 기술은 인테리어 디자인의 각 공정 기술 중에서도 매우 어려운 기술 분야에 속한다.

- **[타일러라는 직업은 항상 장래 유망 직종으로 손꼽힌다.]**
  그럼에도 불구하고 현재 타일러의 숫자는 많이 부족한 현실이다.

- **[타일러의 일과에는 보람이 있다.]**
  타일러는 중요한 기술 시공을 담당한다. 그래서 잘된 시공은
  고객의 만족스러운 미소로 돌아오고, 타일러의 하루하루는 보람으로 채워가게 된다.

- **[타일러는 고수익 직업이다.]**
  일반적으로 '알바'취급을 받는 날일 일당도 1일 30만원을 넘어서고
  그 외 턴키 시공(돈내기 시공)의 경우에는 플러스 알파의 수익이 더해진다.
  또한, '실력'에 따라 충분히 더 많은 수익을 얻을 수도 있다.

- 이처럼 '타일러'라는 직업은 매우 매력적인 직업이다.
  (게다가 타일러는 프리랜서이기 때문에 삶의 시간이 자유로워 '여행'등을 계획하기도 좋다.)
  그런데 이러한 좋은 직업임에도 불구하고, 타일러의 숫자는 턱없이 부족해서
  일부 초급 기술자들의 하자 시공까지 발생되는 것이 현실이다.
  그 이유는 단 하나, 체계적인 교육시스템이 없고, 국비 지원이 가능한 학원은
  현장 실무와는 전혀 동떨어진 자격증 위주의 교육이고, 독학을 하려고해도
  마땅한 책 한 권이 없다는 것 「**배우고 싶어도 배울 수 있는 곳이 없다는 것**」이다.

- 하지만, 이제 이 책이 여러분을 위한 '길잡이'가 되어주리라 굳게 믿는다.

타일러가 되는 방법

- 타일러가 되는 방법은 두 가지가 있다.

  **하나는 좋은 '사수'를 만나서 몇 년간 사사(가르침)를 받는 방법.
  또 하나는 '독학'으로 기술을 습득하는 방법이다.**

- 국비 지원이 가능한 타일 학원을 통해서 타일러가 되려는 이들도 많지만
  국비 지원이 가능한 학원은 '자격증' 시험 위주고,
  현재 타일 자격증은 떠붙임 공법으로 시험을 치르는데,
  이 공법은 하자가 많아서 실무 현장에서는 점점 사용하지 않는 공법이고,
  (최근 LH아파트에서의 타일 하자 등 대다수의 타일 하자의 원인은 떠붙임 공법
   -시멘트와 모래 반죽으로 타일을 붙이는 방법)
  이마저도 '시험' 위주로 배우기 때문에 현장에서는 경력으로 인정받기 어렵다.

  현재 활동 중인 대다수의 타일러 중 8~9할은 현장 '사수' 밑에서
  오랜 시간 수련을 받은 경우이고,
  1~2할은 독학의 길을 걸어 온 사람들일 것이다.

- 그런데, 실무 현장에서 시공일을 하며, 누군가를 가르친다는 것은 정말 어려운 일이다.

  **- 체력 고갈로 일하는 게 힘들다.
  - 현장의 눈치를 봐야 한다.(현장은 실전이어서 '연습'은 허용되지 않는다)
  - 가르쳐주면 독립해서 같은 직종 업계에서 경쟁자가 되는 일이 많다.
  - '사수'가 실력이 없으면 '제자' 또한 엉터리 기술자가 되기 쉽다.
  - 보통 조공일 부터 배우기 때문에 기술을 습득하는 시간이 평균 3~5년 정도 걸린다.**

  이런 애로 사항들 때문에 아주 가까운 사이가 아니면 제대로 배우지도 못하고
  '열정페이'에 휘둘리다가 내쳐지는 경우도 많다.

타일러가 되는 방법

- 그래서 '독학'을 선택하게 된다.
  이때 가장 큰 문제는 교재도 없고, 사수도 없다는 것이다.

  그 수많은 공사 노하우를 다 익히려면 최소한의 교재라도 있어야 하는데
  오로지 경험을 통해서만 그 모든 것을 하나하나 해결해 나가야 하니
  엄청난 시간은 물론, 많은 공사 하자의 위험성 또한 안고가야 하기 때문에
  부담이 많이 갈 수 밖에 없다.

  그러면서… 야심차게 시작했던 '타일러'의 꿈은 점점 희미해지게 된다.

- "기술은 현장에서 발로 뛰어가며 배우는 것이다?"
  가장 어리석은 말(편견)이다.
  필자의 경험으로는 몇 년 동안 타일 데모도 생활을 하면서도
  타일 한 장 못 붙이는 경우도 많이 봤다.

  ['기술'이란 '노하우'다]
  "어떤 상황에서 어떻게 시공해야 가장 안전하고 실용적이고 아름다울 수 있을까?"
  라는 질문에 대한 답이다.

  즉, 기술자는 '지식'과 '지혜'가 있어야 한다.
  그저 현장에서 남이 하는 것을 많이 본다고 실력이 생기는 것이 아니다.

  항상 '어떤 이유로?'
  　　'어떤 자재와 부자재로?'
  　　'어떻게?'
  시공을 하는 것이 옳은지 스스로 끊임없이 학습해야 한다.

■ 현실적인 예를 하나 들자면
일부의 타일러 지망생들이 국비 지원 가능한 타일학원에서
떠붙임의 기초를 배우고 현장을 쫓아다니며 경험을 축적한 후
떠붙임 시공 전문 타일러로 활동하는 경우가 많다.
그리고 나서는 '옹벽'이든 '조적벽'이든 가리지 않고
'도기질'타일이든 '자기질'타일이든 심지어 '포세린 타일'까지도 떠붙임 시공을 한다.
그리고… '몇 년 후 타일이 깨지고 떨어져서 엉망이 되었다'는 뉴스를 가끔식 접하게 된다.

떠붙임 공법은 시멘트(포틀랜드 시멘트)와 모래를 약 1:4의 비율로 섞어서
건비빔 후 반죽하고 이를 접착제로 사용하는 방식인데
물을 흡수할 수 있는 타일, 물을 흡수할 수 있는 벽이어야 시공이 가능한 것이다.

그런 기본 이론은 다 무시되고 어깨너머로 배운 '그냥' 시공을 한다.
그래서 지금 우리나라의 부실 시공 중 '타일 하자'가 가장 많다.

- **도기질** : 점토를 주 재료로하여 약 1000°C 이하의 낮은 온도에서 구워 만든 타일.
- **자기질** : 세라믹 재질로, 약 1200°C 고온에서 구운 내구성이 매우 강한 타일.
- **포세린 타일** : 자기질에 속하는 무광 제품. 수분 흡수율이 0.5%미만으로 낮아 미끄럽지 않은 재질.

■ ['기술'은 '이론'이다.]
기술은 손이 아닌 머리로 익히는 것이다.
그런데 독학의 길을 걸어가는 이들에게 '교재'가 없다.
'이론'이 없다.
필자 또한 마찬가지 였다.
그래서 많은 시행착오를 경험해야 했다.

이제 이 책이 그 '기본 이론서'가 되어 줄 것이라고 기대해 본다.

훈련준비

| 본 교재의 예습, 복습 | 자재·부자재 수급 | 연습 장소 섭외 | 타일 공구 구입 |

■ 본 교재의 예습, 복습
'기술'은 '이론'이다.
본 교재를 완전히 숙지하고, 책을 덮고서도 그 내용을 상세히 떠 올릴 수 있다면
이미 절반은 '타일러'가 된 것이다.

■ 자재·부자재 수급
타일은 '~타일'등의 도·소매점을 찾아가면 시공량이 부족해서 판매를 못하고 쌓아둔
타일들을 쉽게 공짜로 구할 수도 있다.
이런 타일들을 최대한 많이(종류별로) 구해 온다.
부자재(타일 본드, 압착 시멘트, 백 시멘트, 칼라 멘트, 마감비트)들은 소량을 구매한다.
– 타일을 구매한다고 해도 대부분의 타일은 평당(2Box)당 약 3만원대 정도이다.

■ 연습 장소 섭외
본인 집의 욕실이 2곳이면 그 중 1곳도 괜찮고,
집안의 발코니 한 구석도 괜찮고, 옥상이나 빈 창고도 괜찮다.
– 연습 시공 후 폐기되는 자재·부자재는 주민센터에서 '건설폐기물'마대를 구입 후 처리.

■ 타일 공구 구입
인터넷을 검색하면 '타일 공구' 전문 판매점을 찾을 수 있다.
'공구상가'에 가도 된다.
'타일 공구'전문점의 공구들은 제품이 좋고 가성비가 좋다.

■ 타일공구 구입 Tip

- 톱날 고대는 반드시 스텐 제품을 구매 할 것을 추천.(종류별로)
- 타일 커팅기는 '신용'이나 '용민'등이 주로 구매되는 편.
  (750사이즈, 레이저 장착 모델 추천 – 약 25~40만원)
- 그라인더는 '마키타' 제품 추천.(또는 '계양'도 좋음 – 약 6만원 전후)
- 그라인더 타일날은 노란색 추천.(약 1만원 전후)
- 고무망치는 딱딱하지 않고, 부드러운 제품 추천.
- 스페이스 종류별로.(일자, 십자)
- 철 헤라는 저가형(1천원) 추천.
- 레이져 레벨기는 기본형 추천.(약 13만원 전후)
- 믹서기는 기본형.(약 20만원대)
  – 전동 공구는 여력이 된다면 무선 충전식 기종을 추천
- 그 외,
  반코팅 장갑(개당 300원 정도),
  고무장갑(시공용),
  타일 기리(6.0 또는 6.4mm),
  스펀지, 수성싸인펜 또는 연필,
  임팩(전동 드라이버), 냉가고대, 망치, 기고대,
  줄자, 니퍼, PVC 메꾸라, 테프론 테잎,
  T자 메지고대, 실리콘, 실리콘 건,
  공구 가방 등을 구입한다.

**톱날 고대, 메지고대, 실리콘 건 등의 제품은
최대한 손에 익도록 항상 가지고 다니는 것이 좋다.(공구는 항상 청결하게 관리)**

CHAPTER 2 # 기초 이론 훈련

이번 장에서는 가장 기초적인 타일 시공 이론 즉,

1. 타일의 종류와 특징

2. 타일 부자재의 종류 및 특징

3. 타일 공구의 종류

에 대해 먼저 공부해 보도록 한다.

**"가장 기초적인 것이 가장 중요한 것"
잊지 말자!**

TIP

타일 시공 관련 현장 용어들 : 학문적 뜻 풀이가 아닌 현장 통용 의미로 정리

양생	'말리는 것' 시공을 마치고 시공부위가 마르는 것을 일컬음.
양중	'물건을 나르는 것' 특히, 계단을 등짐을 지고 오르는 것은 '곰방' 이라고 한다.
데꼬보꼬	울퉁불퉁 단차가 맞지 않는 것.
구배	물이 흘러갈 수 있는 바닥의 경사도.
가네	벽면의 기울기가 올 곧은지 보는 것을 '가네를 본다'라고 한다.
하스리	미장이나 콘크리트 타설 후 하자 부위를 '브레이커(쁘레카)'로 다듬는일.
메꾸라	급수구, 배수구 등의 구멍을 막는다는 뜻, 또는 마개.
보양	시공한 곳에 상처가 나지 않게 보호한다는 뜻.
자·평·헤베	1자 = 약 30cm / 1평 = 3.3m² / 1헤베 = 약 1m×1m
600각	600 사이즈의 정사각형이라는 뜻.
베이(bay)	발코니의 1칸.
시다지	타일 시공을 위해서 바닥을 만드는 작업.

타일과 부자재의 유통 경로

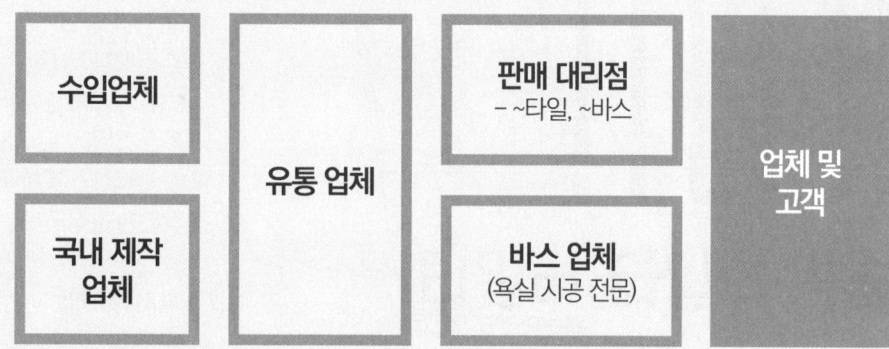

- **국산 타일 :** '이화타일', '동서 아이에스' 등.

- **수입 타일 :** 중국·아랍 등의 수입타일은 대개 저가형, 유럽타일은 고가형.

- 타일은 **Lot Number번호**(타일을 생산할 때 마다의 구분 번호)가 다르면 같은 제품이라도 색상 등의 차이가 날 수 있기 때문에 주의해야 한다.

타일의 종류 및 특징

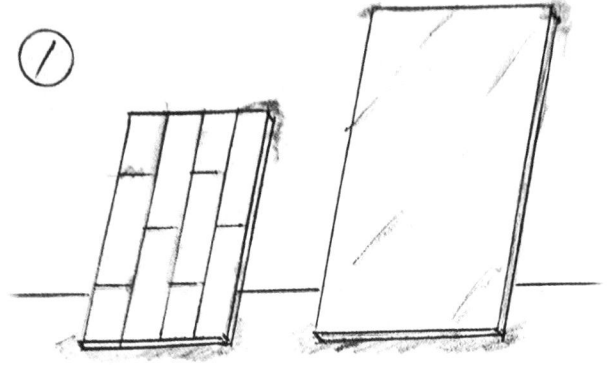

① 도기질 타일
- 주로 벽 타일용으로 사용.
- 강도가 약하고 흡수성이 좋음.
- 주로 타일본드 시공.
- 250×400, 300×600 사이즈 등.
- 주로 8mm 두께.

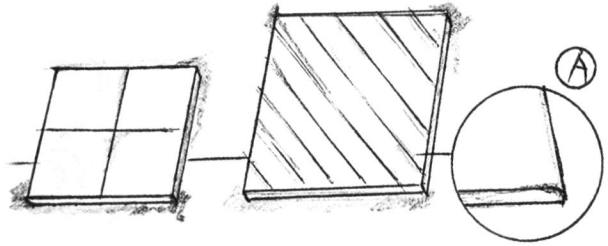

② 자기질 타일
- 주로 바닥 타일용으로 사용.
- 강도가 세고 물을 잘 흡수하지 않음.
- 200각, 300각 등의 사이즈.
- 주로 6mm 두께.

③ 포세린 타일
- 주로 바닥 타일용 또는 아트월.
  (벽타일 용)
- 강도가 아주 세고 물을 흡수하지 않음.
- 유광을 흔히 폴리싱타일 이라 부름.
- 300×600, 600각 등의 사이즈.
- 주로 10mm 두께.

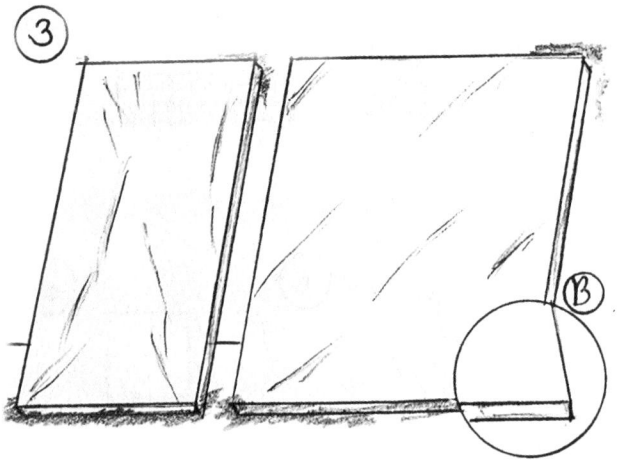

Ⓐ Ⓑ : 도기질과 자기질 타일은 대개 모서리가 둥글고, 포세린 타일은 직각으로 날이 서있는 편이다.

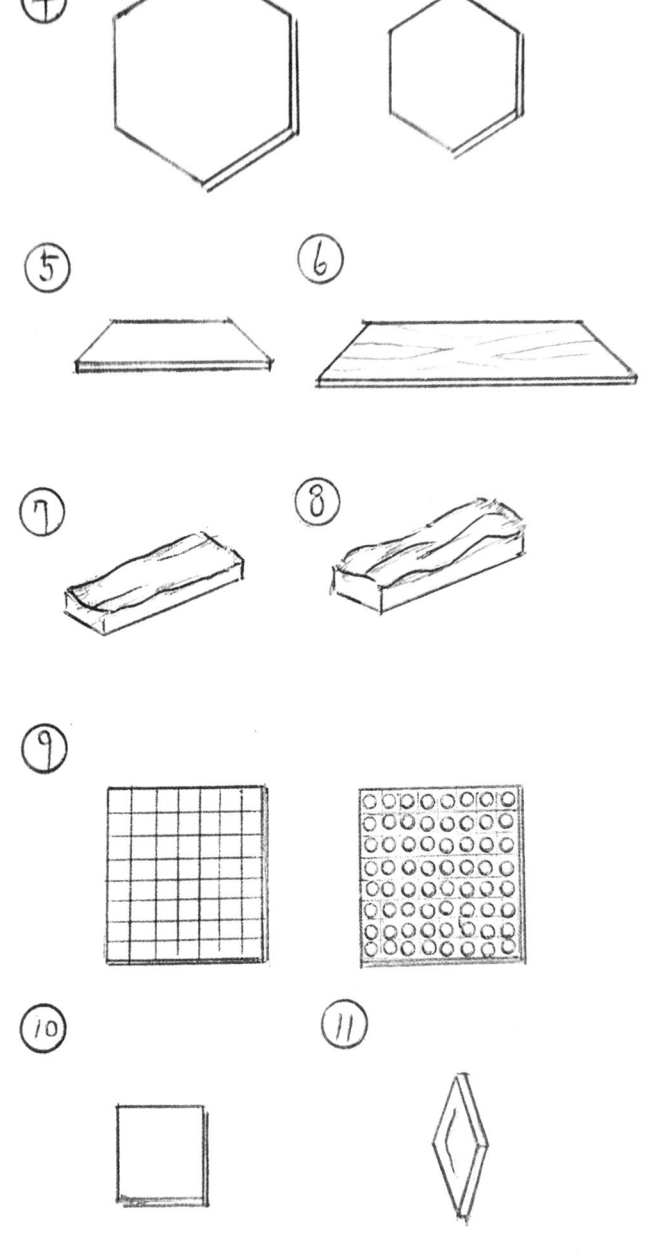

④ 육각타일(헥사곤 타일)
 - 자기질, 8mm.
 - 주로 200이나 300사이즈.

⑤ 쪽타일 100×300 사이즈 등
 - 주로 벽타일용, 도기질.

⑥ 쪽타일 115×450 사이즈 등
 - 주로 바닥타일용, 자기질.

⑦ 파벽돌 파일

⑧ 고벽돌 타일

⑨ 모자이크타일
 - 뒷면에 그물망(300각), 주로 자기질.

⑩ 소형 사이즈 타일

⑪ 입체 타일류

⑫ 기타 : 대형, 금속, 모노, 석재타일 등
 - 실제 제품사진은 인터넷 검색 후 참조.

TIP

타일의 포장 단위

가장 많이 쓰이는 타일인 300각, 300×600, 600각 타일은 1box가 반평이며
각 타일 낱장이 16장, 8장, 4장 들어 있다.

그 외 대 다수의 타일들이 1box가 반평으로 포장되는데,
모자이크 타일, 고벽돌 타일, 고가 수입 타일 등은
1box 0.75헤베~0.85헤베로 포장되어 있는 경우가 많다.

그래서, 타일을 주문 시에는 아예 '평' 단위로 주문하는 것이 편리할 때가 많다.

타일 부자재의 종류 및 특징

① 타일 본드
- 물에 약함(녹는다).
  17kg, 20kg포장, 벽타일용.
- 10m 이상 두께로 시공 금지.
- 가장 많이 사용되는 접착제.

② 타일 시멘트(압착 시멘트)
- 양생 되면 강도가 셈.
  양생 속도가 느림, 백색, 회색.
  입자가 거칠고 접착강도가 센 편.

③ 에폭시(타일용)
- 주제와 경화제를 섞어서 사용.
- 강도가 세서 돌 본드라고도 부름.
- 주로 포세린 타일이나
  대형 타일 시공 시 사용.

④ 드라이 픽스
- 압착 시멘트보다 접착력이 더 셈.
  단가가 비쌈. 분말형, 믹스형, 난방용 등.

⑤ 백 시멘트
- 입자가 곱고 밀도가 높아서
  메지로도 사용.
- 방수성도 있고, 양생 속도가 빠름.
  단, 강도가 약함.

⑥ 칼라 멘트
- 항균 줄눈.
  흙색, 검정색, 연회색, 진회색, 백색 등.

타일 부자재의 종류 및 특징

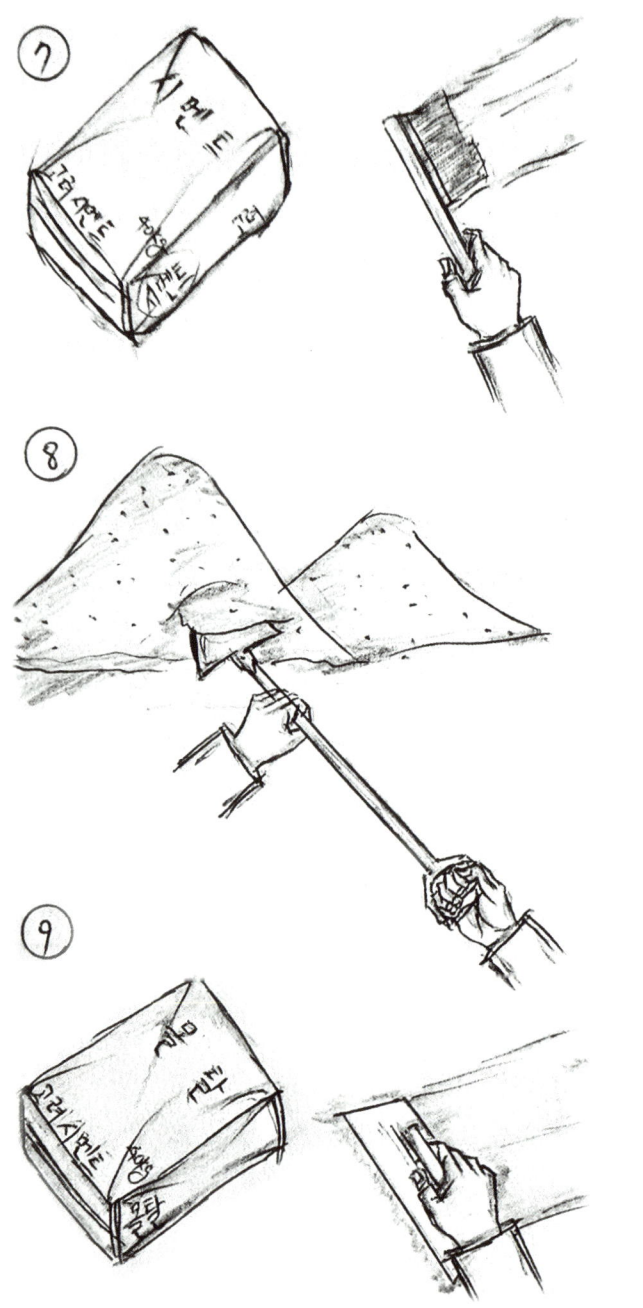

⑦ **포틀랜드 시멘트**
- 방수액과 섞어서 방수제로 사용하기도 하며, 일반적으로 모래와 혼합해서 몰탈 형태로 사용한다.
  1포(40kg 포장) = 약 5천원 정도.

⑧ **모래**
- 모래는 미장사 < 중사 < 왕사가 있고, 일반적으로 미장사가 많이 쓰인다.
  (마대에 소분해서 판매)

⑨ **몰탈**
- 기성품으로 만들어진 제품이고, '레미탈'이라는 제품이 많이쓰인다.
  1포(40kg 포장) = 약 5천원 정도.

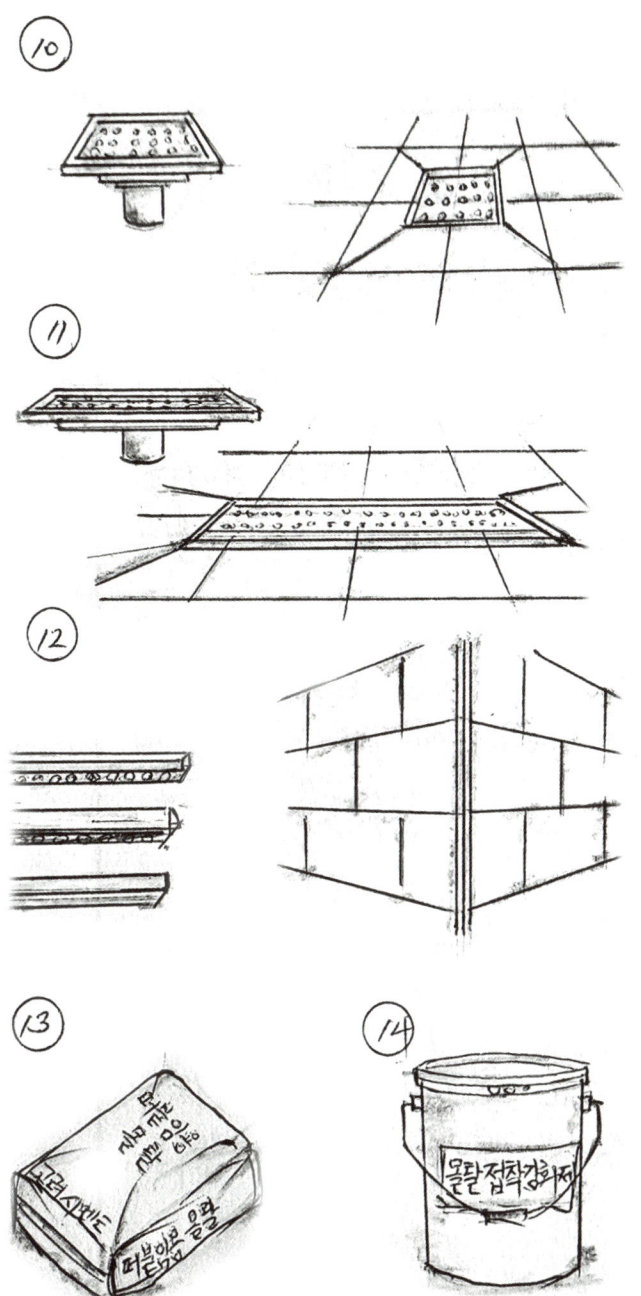

⑩ 유까 (바닥 배수구)
- 뚜껑은 망형, 민자형, 타일형 등이 있고, 배수관 사이즈에 따라 50mm PVC용, 65mm PVC용, 75mm PVC용이 있음.
- 외형 크기는 200각, 300각 사이즈가 있음.

⑪ 트렌치
- 배수구의 위치에 따라 좌·우·중앙형이 있음.
- 사이즈도 다양함.

⑫ 타일 마감 비드
- 주로 스텐 제품.
- 6mm, 8mm, 10mm 용이 있음.
- 사각, 라운드, L자형(알루미늄) PVC제품(저가형)도 있음.

⑬ 떠붙임용 몰탈

⑭ 몰탈 접착력 강화제
- 바닥 면이 안 좋을 때 접착력 강화를 위해서 사용.

TIP

떠붙임 시공의 하자 위험성

떠붙임 공법은 시멘트와 모래를 1:4정도의 비율로 혼합해서
물을 넣고 반죽한 후 타일에 떠 올려서 시공하는 방식이다.

기본적으로 시공 면과 타일 둘다 흡수성이 좋아야 하며,
온도와 습도에 따라 배합 비율등이 민감하게 작용한다.

이런 떠붙임 공법을 단순히 어깨 너머로 배우고,
아무 현장이나 시공하다가는 큰 위험에 봉착할 수 있다.

시멘트(포틀랜드 시멘트)와 모래를 섞은 사모래는 '접착제'라고 보기가 어렵다.

단지, '미장'의 원리로 가벼운 도기질 타일 정도를 시공하는 데 그쳐야 한다.

특히나, 포세린 계열(흡수성이 없음)의 타일이
날로 인기를 더해가는 요즘의 흐름과는 동떨어진 시공법이다.

TIP

'타일 본드의 겉마름' '본드의 수축과 팽창'

타일 본드는 뭉쳐 있을 때는 양생이 되지 않지만 얇게 펴지면
빠른 속도로 양생이 진행된다.

그래서, 톱날 고대질 후 시간이 지체되면 바로 겉마름 현상이 생겨서
타일이 잘 떨어지기 때문에 주의해야 한다.

또한, 타일 본드를 포함한 모든 접착 부자재는 기온과 습도에 따라서
수축·팽창을 하기 때문에 시공 시에는 단차 발생이 없었는데,
이 후 단차가 생기는 경우도 많다.

이를 예방하기 위해서는 타일 시공 시 타일이 시공면에 최대한 압착이 되도록
고무 망치질을 자주 세게 해주는 것이 좋다.
(단, 타일 깨짐 주의 – 특히 도기질 타일)

방수액

방수액은 '완결'과 '급결' 방수액이 있는데 말 그대로 양생의 속도에 따른 차이다.

보통 방수는 완결이 쓰이고 급결은 특이한 경우 급한 방수시나 또는
설비 배관 고정 시 등에 쓰인다.

가끔, 바닥 타일 시공 시 빠른 양생을 위해서 압착 시멘트와 더불어
급결 방수액을 섞는 경우가 있는데, 비 추천 방식이다.(타일 이탈 현상이 생김)

작은 PVC통과 말통 두 가지로 판매한다.

타일 공구의 종류

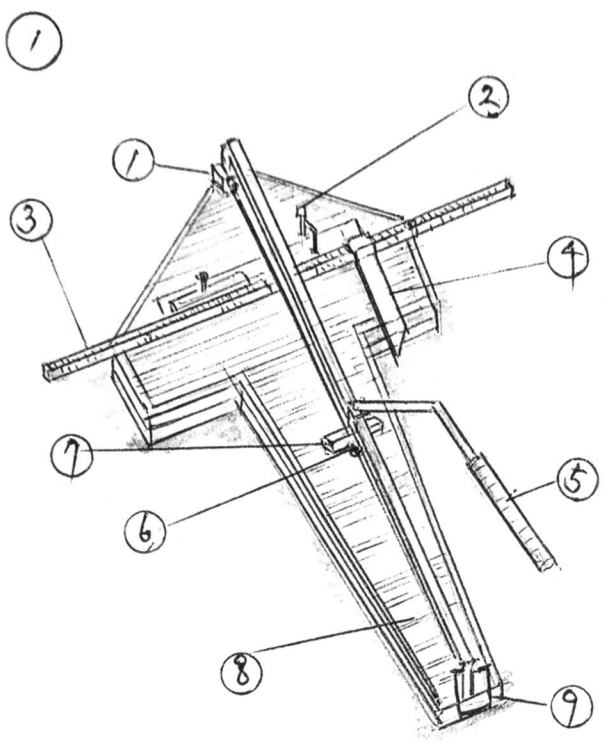

① **타일 커팅기**
  ① 레이저.
  ② 기준자 고정.
  ③ 치수 자.
  ④ 기준대.
  ⑤ 핸들.
  ⑥ 원형 커팅 날.
  ⑦ 누름 용 고무대.
  ⑧ 검정 고무판.
  ⑨ 핸들 고정용 쇠링.

② **그라인더**
 - 하부 전원형, 상부 전원형.
   Ⓐ 타일 커팅날.
   Ⓑ 금속 커팅날.

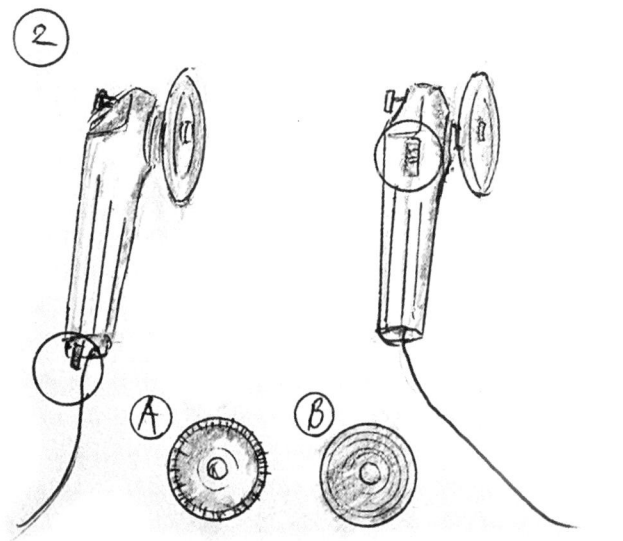

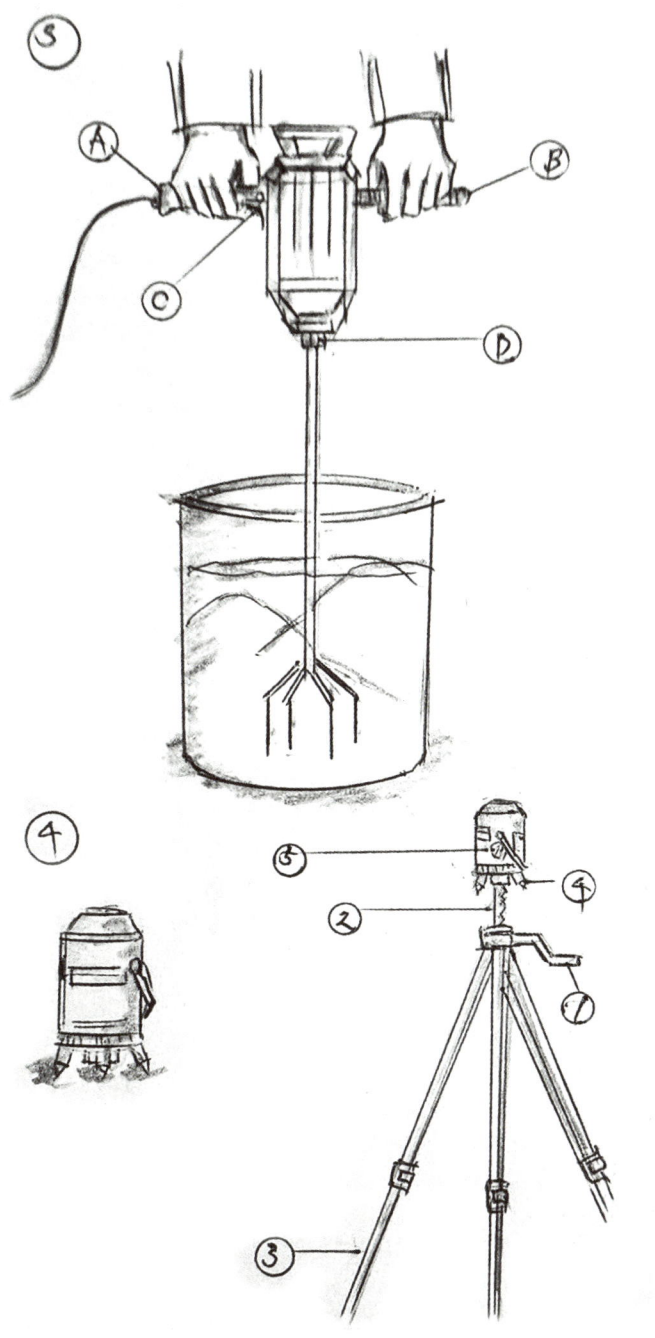

③ 믹서기
    Ⓐ와 Ⓑ는 핸들.
    Ⓒ는 연속 회전 버튼.(사용 비추천)
    Ⓓ는 '척'으로 조이는 부분.

주의 믹서기는 가동 시 회전력이 세기 때문에 양손을 꽉 잡고 주의해서 가동해야 한다.

④ 레이저 레벨기
    ① 높이 조절용 레버.
    ② 높이 조절대.
    ③ 삼각대.(하부 발) (중심축 조절)
    ④ 레벨기 발.(중심축 조절)
    ⑤ 전원 레버.

주의 레이저 레벨기를 이동 시에는 반드시 전원을 끄고 이동해야 한다.

타일 공구의 종류

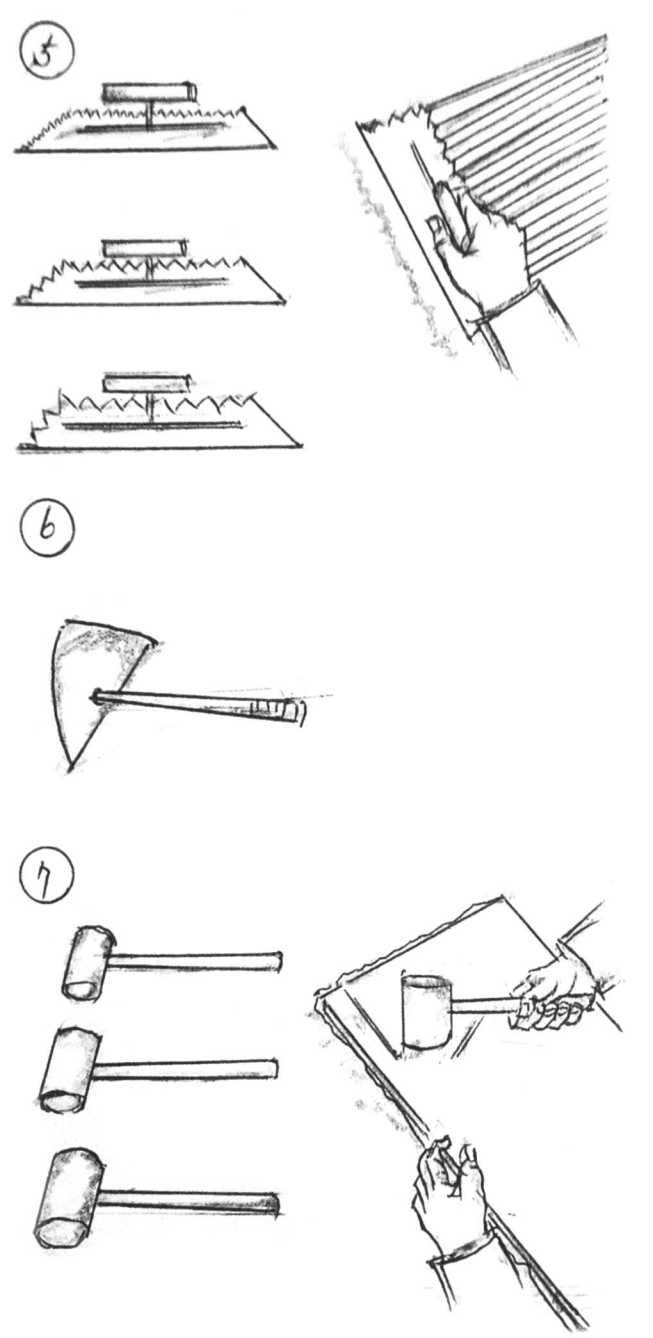

⑤ **톱날 고대**
 - 톱날 고대의 톱날은 약 2mm~20mm 정도까지 다양하다.
 - 가급적 스텐 제품 추천.

⑥ **냉가고대**
 - 본드나 시멘트 반죽 등을 퍼낼 때 사용.

⑦ **고무 망치**
 - 대·중·소.
 - 탄력이 좋은 제품 추천.

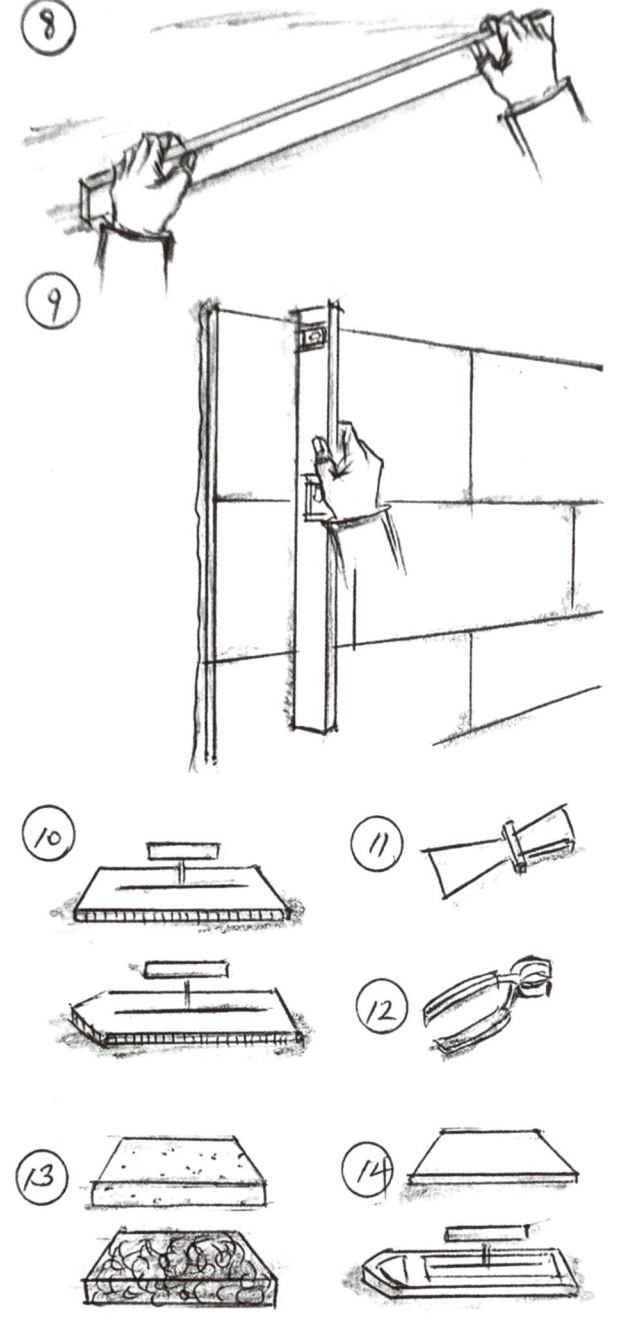

⑧ **자나무**

⑨ **수평대**
 – 대·중·소.

⑩ **기고대**
 – PVC 재질.

⑪ **철 헤라**

⑫ **타일용 니퍼**

⑬ **스펀지(아래는 외장줄눈용)**

⑭ **고무헤라**
  메지고대

타일 공구의 종류

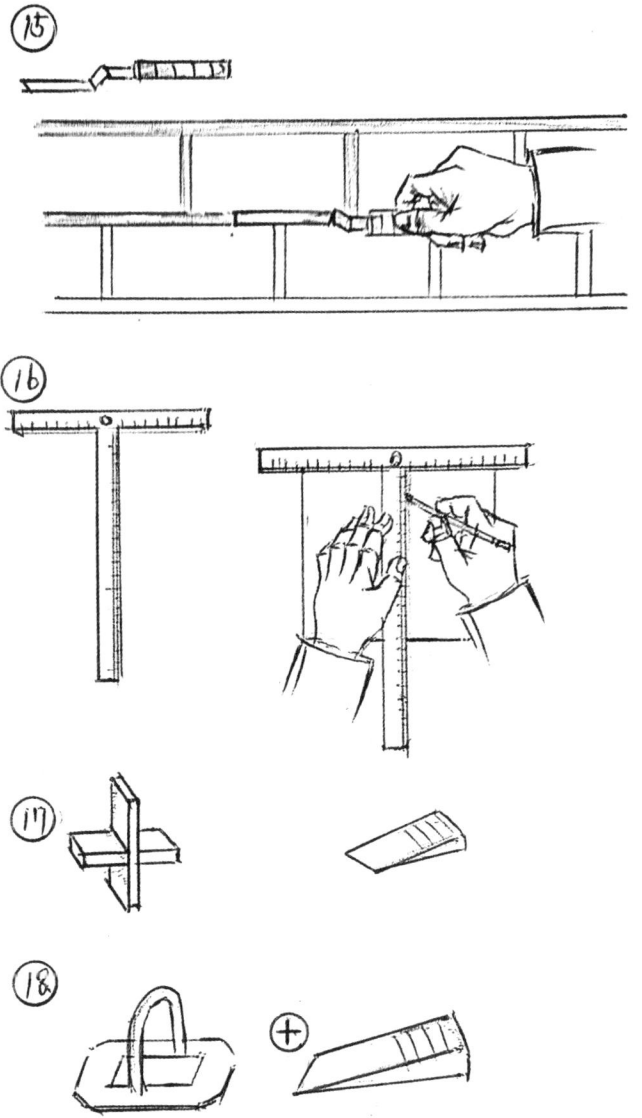

⑮ **외장 메지고대**

⑯ **T자**

⑰ **스페이스(쿠사비)**
 - 십자, 일자.
 - 십자는 사이즈가 다양.
   (1.5mm, 1.8mm, 2.0mm가 가장 많이 쓰임)

⑱ **평탄 클립(바닥용)**
 - 두 부속을 결속.

⑲ **평탄 클립(벽용)**
 - 정면, 옆면 모습.

기타 공구
 - 망치, 첼라, 스패너, 전동 드릴, 쪽가위, 바이스프레아, 스크립퍼, 빗자루, 쓰레받이, 마대, 줄자.

TIP

타일 본드 통의 재활용

타일 본드를 담았던 빈통은 여러 용도로 쓰인다.

공구들을 담아 놓기도 하고, 시멘트 등을 반죽하는 통으로도 쓰이고,
물통으로도 쓰이고, 의자로도 쓰인다.
(그래서, 아예 이 빈 통을 몇 천원에 판매하는 철물점도 있다.)

이러한 용도는 타 공정 기술자들에게도 유용한 것이어서 현장에서는
이 빈통을 구매해 달라는 요청을 많이 받기도 한다.

손잡이가 있어서 운반도 편하기 때문에 몇 개는
여분으로 가지고 다니는 것이 좋다.

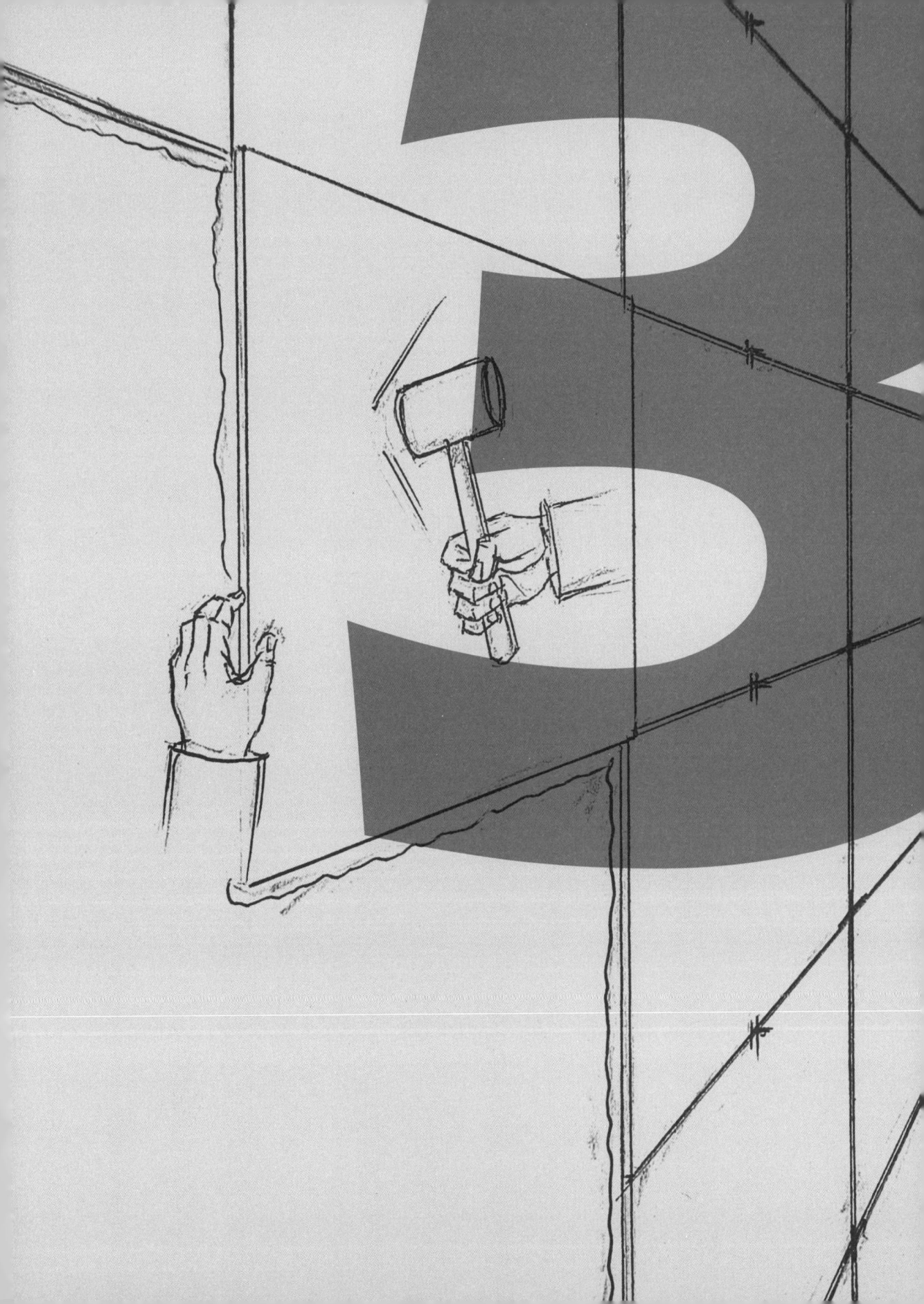

CHAPTER 3 # 실전 시공 훈련

이제, 실제의 각 개별 케이스로
「서로 다른 타일」「서로 다른 부자재」를 가지고
「서로 다른 시공법」을 공부해 본다.

필자의 그림 실력이 뛰어나지 못해서
때로는 이해하기 어려운 부분들이 있을지 모르지만

「잘된 시공」「예쁜 시공」이 무엇인가! 하는
근원적 물음을 가지고 문제들을 하나씩 풀어가기 바란다.

"이 「실전 시공 훈련」으로 연습되는
모든 시공을 잘 해낼 수 있다면
「타일러」라는 명함을 스스로 가질 자격을 갖추는 것이다"

TIP

타일러들이 가져야 할 직업적 기본 자세

- 시공 공구를 항상 지정된 장소에 진열 후 하나씩 꺼내서 사용한다.

- 작업 전·후 현장을(작업 장소) 깔끔히 정리 정돈 및 청소한다.

- 복장은 펄럭거리지 않는 간소한 복장으로 착용한다.

- 소변등 용무는 관리 사무소 또는 아파트 상가를 이용한다.

- 작업 시작 전에 항상 자재, 부자재를 체크하고, 수량이 부족하지 않게 미리 관리자에게 통보한다.

- 시공 후 하자 부분은 자신이 책임 진다.(하자 부분을 보수한다.)

- 현장에서는 금연한다.

- 그라인더 등의 소음, 분진 발생 공구는 지정된 장소에서만 사용한다.

- 타공정과 동선이 겹치지 않게 주의한다.

- 타일러의 자부심을 잃지 않는다.

욕실 벽 타일 시공

「가장 기본적인 타일 시공」 덧방 시공 / 타일 본드 시공

덧방 시공 : 원래 붙어있는 타일을 철거하지 않고 그 위에 바로 새 타일을 붙이는 방법

실전 시공 훈련

욕실 벽 타일 시공법

준비

욕실 벽 타일 시공을 위한 준비.
(1750 × 2300 욕실)

[핵심]
준비의 핵심은 '자재'와 '부자재' 그리고 공구.

〈 자재·부자재 〉
- 벽타일 (약 6.5평) 13박스.
- 타일 본드 3통. (20kg 기준)
- 항균 메지 (칼라 멘트) 2봉.
- 타일 마감 비드.

〈 공구 〉
- 타일 커팅기, 그라인더+날.
- 타일 고대(톱날 고대), 고무 망치.
- 냉가고대, 메지고대, 레이저레벨기.
- 수평대, 줄자, 싸인펜,
  스페이스(일자, 십자), 작업등,
  반코팅 장갑.

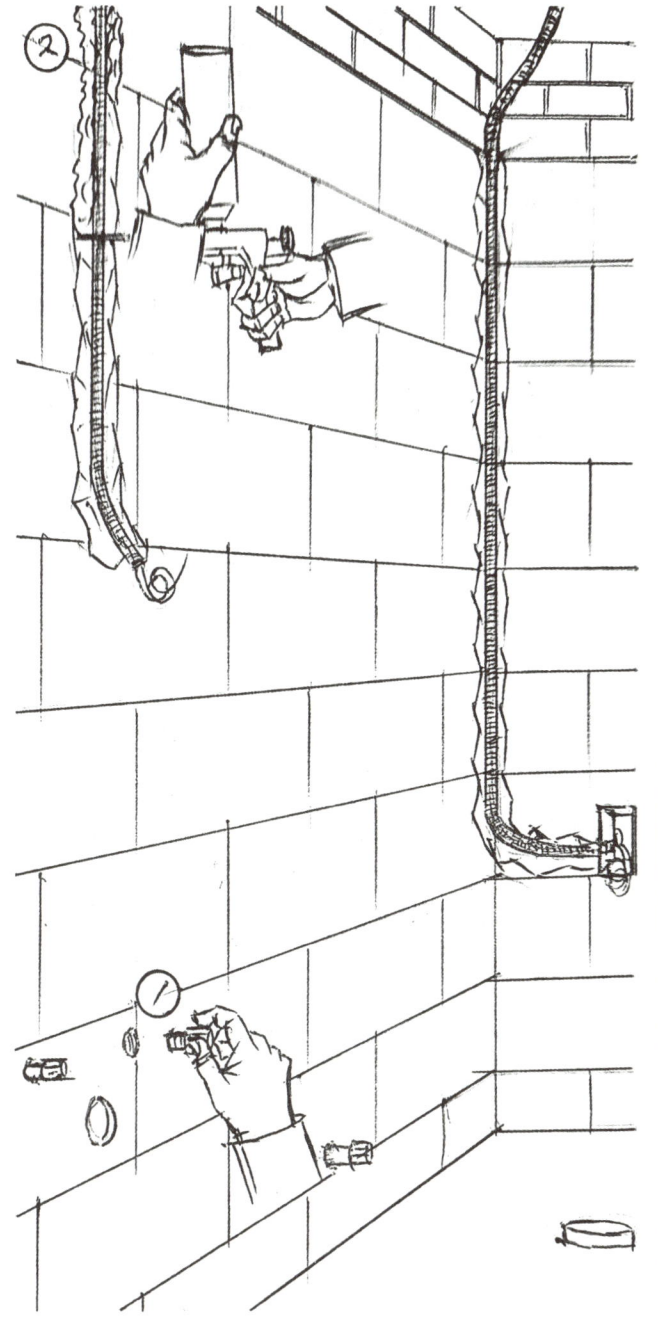

「급수구, 배수구 밀봉 확인」
「리드선(전기연장선), 전등선 배선 확인」
– 타일을 시공하기 위한 기초 작업.

[핵심]
① 욕실의 냉/온 급수구 구멍에
 PVC 메꾸라로 밀봉한다.
– 배수구는 박스를 말아서 끼우거나
 막대로 막음.

주의
급수구 밀봉 후에는 반드시 담수 테스트 필요.
(누수 여부)

② LED 거울(설치 시) 조명선,
 콘센트(이전 또는 신설 시)
 전선관이 설치되었는지 확인.

주의
욕실의 전기 배선 시에는
반드시 플렉서블 배관(신축성 있는 관) 후
전선을 배선한다.

실전 시공 훈련

욕실 벽 타일 시공법

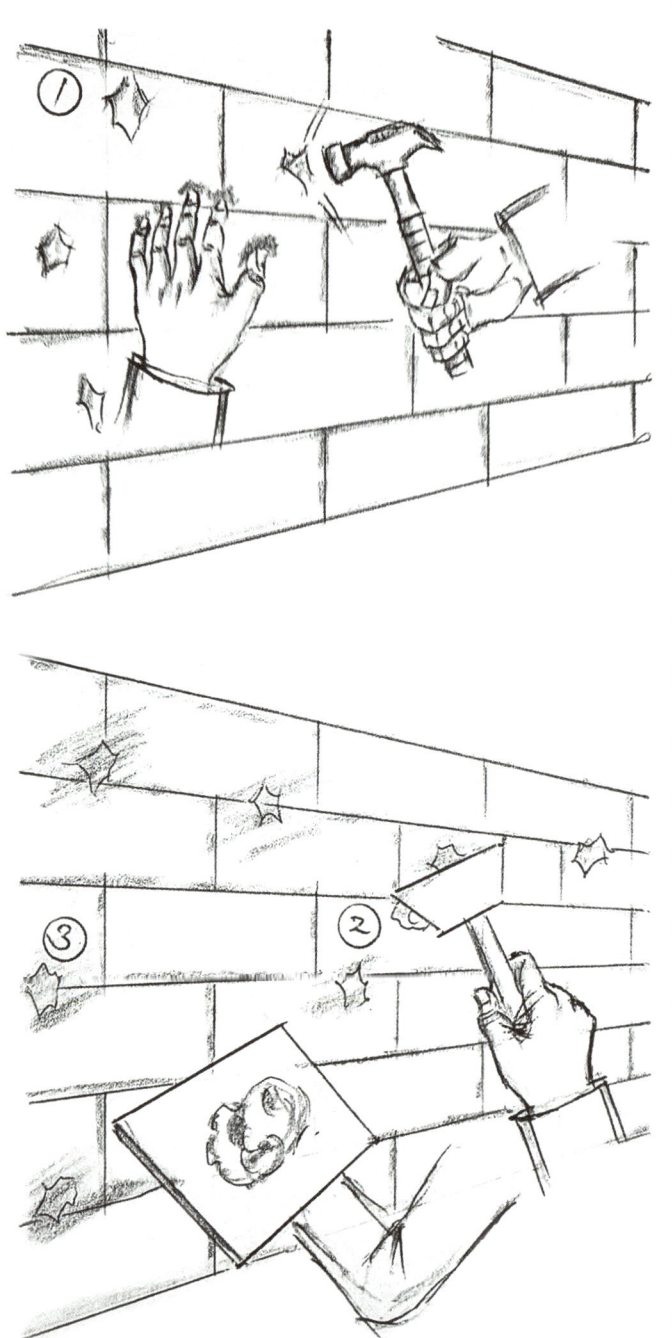

「기존 타일 면의 상태가 불량한 경우」

기존의 타일 시공 면이 쏟아지는 경우에는
당연히 철거해야 하지만,
일부 벽에서 퉁퉁거리는 소리만 나고
부착 상태가 불량할 경우의 보강 방법이다.

[핵심]
① 퉁퉁거리는 부분의 군데군데에
   망치질로 구멍을 낸다.

② 압착 시멘트를 물에 반죽해서
   구멍에 집어넣고
   헤라로 표면을 매끈하게 정리한다.
   - 바닥의 배수구는 박스를 말아서
     끼우거나 마대로 막음.

TIP
이때 구멍에 스프레이 건으로 물을 뿌린 후
압착 시멘트를 넣어주는 것이 좋다.
(잘 붙도록)

③ 압착 시멘트가 양생 되면 잘 붙었는지
   확인 및 정리.

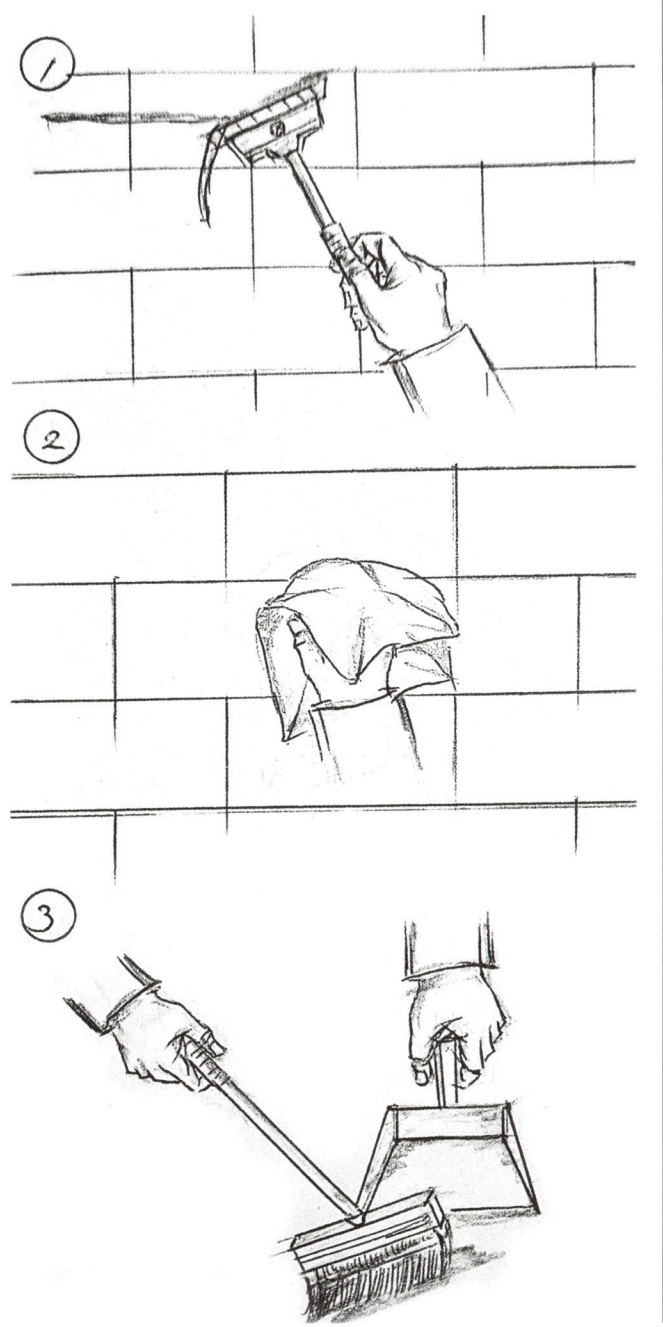

「스크랩퍼로 이물질 정리, 시공 면 닦기, 바닥 면 정리」

[핵심]
① 스크랩퍼로 실리콘 찌꺼기 등
   이물질을 제거한다.

② 마른 걸레로 닦는다.

③ 마지막으로, 현장 바닥을 깨끗이
   청소 한다.

TIP
현장 청결은 타일 시공의 가장 중요한 부분이다.
2차 오염을 예방해 주고,
작업속도를 증가시켜주며, 퀄리티도 높여 준다.

욕실 벽 타일 시공법

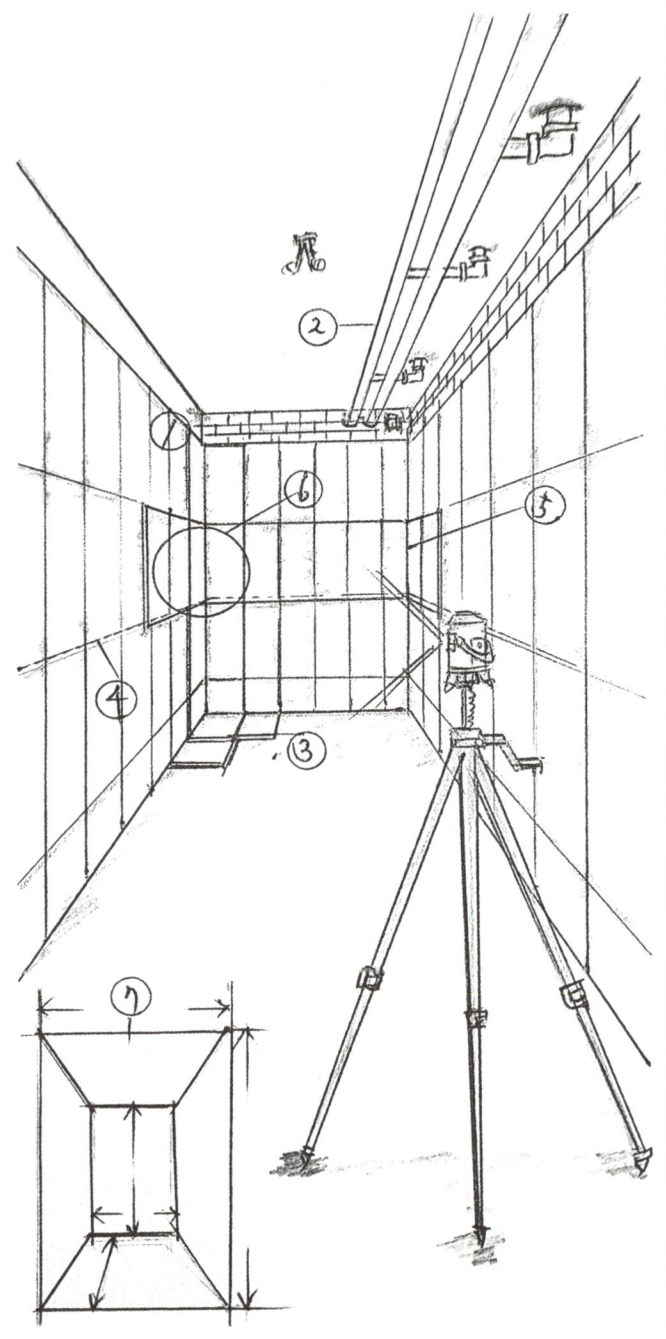

「타일 계획」
- 타일을 어떻게 붙여 나가는 것이 가장 실용적이고 아름다운지 미리 계획하는 일.

[핵심]
① 천장에 닿는 면은 항상 온장.

② 공용 배관의 높이, 욕실 문의 높이를 고려.

③ 바닥 타일의 메지선과 가급적 일치되게 한다.(통일성)

TIP
벽타일 계획 시에 바닥 타일까지 같이 계획.

④ 레이저 레벨기로 가로선·세로선 맞춤.

⑤ 모서리를 커팅하여 넘어갈 때는 가급적 꺾인 면의 시작 타일은 직전에 커팅한 타일의 남은 조각으로 한다.

⑥ 이 부분이 기준장.

⑦ 항상 전체 치수를 고려.

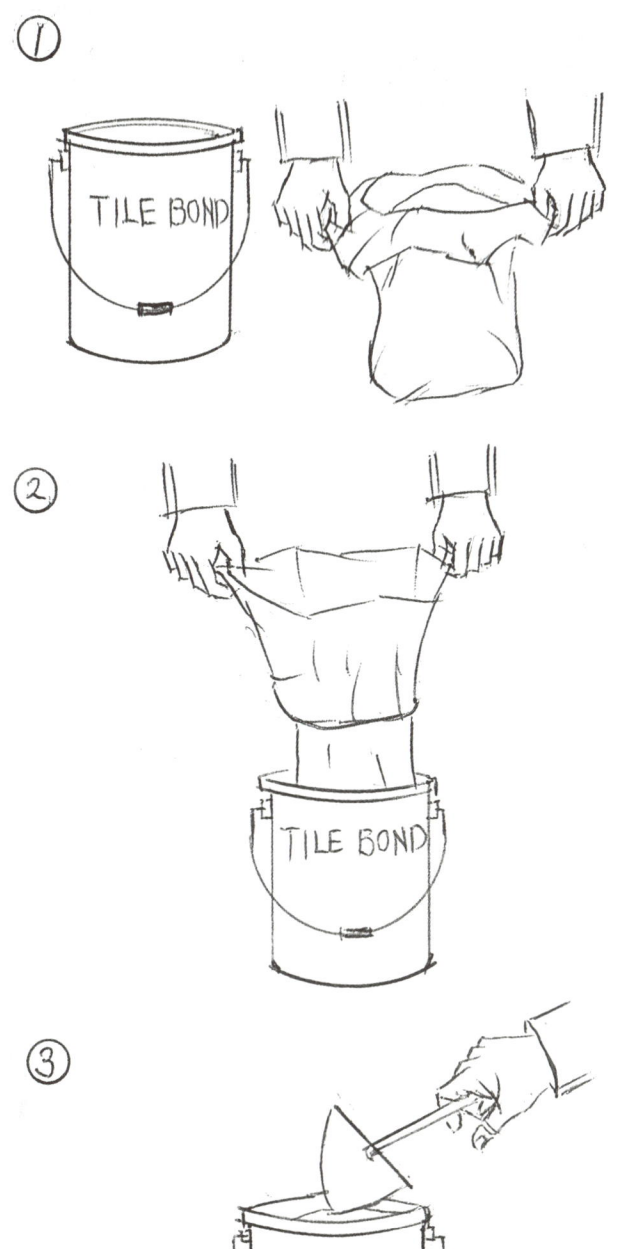

「타일 본드 바르기」

본드를 깔끔하게 통에 부어서
냉가고대로 벽면에 떠서 바른다.

TIP
본드를 본드 통에 넣는 방법.

① 그림처럼 비닐에 싸여있는 본드를 통에서
꺼내어 양손으로 잡는다.

② 양손을 그대로 잡은 채로 거꾸로 뒤집으면
비닐 속의 본드만 깔끔하게 본드 통 속으로
떨어져 내린다.
- 이렇게 해야 본드가 여기저기 묻지 않고
낭비도 줄이게 된다.

③ 본드 통의 본드를 냉가고대로 떠서
　미리 여러 군데에 찍어놓으면
　톱날고대로 시공하기가 편하다.
　- 이후 톱날고대로 대충 펼쳐놓음.

욕실 벽 타일 시공법

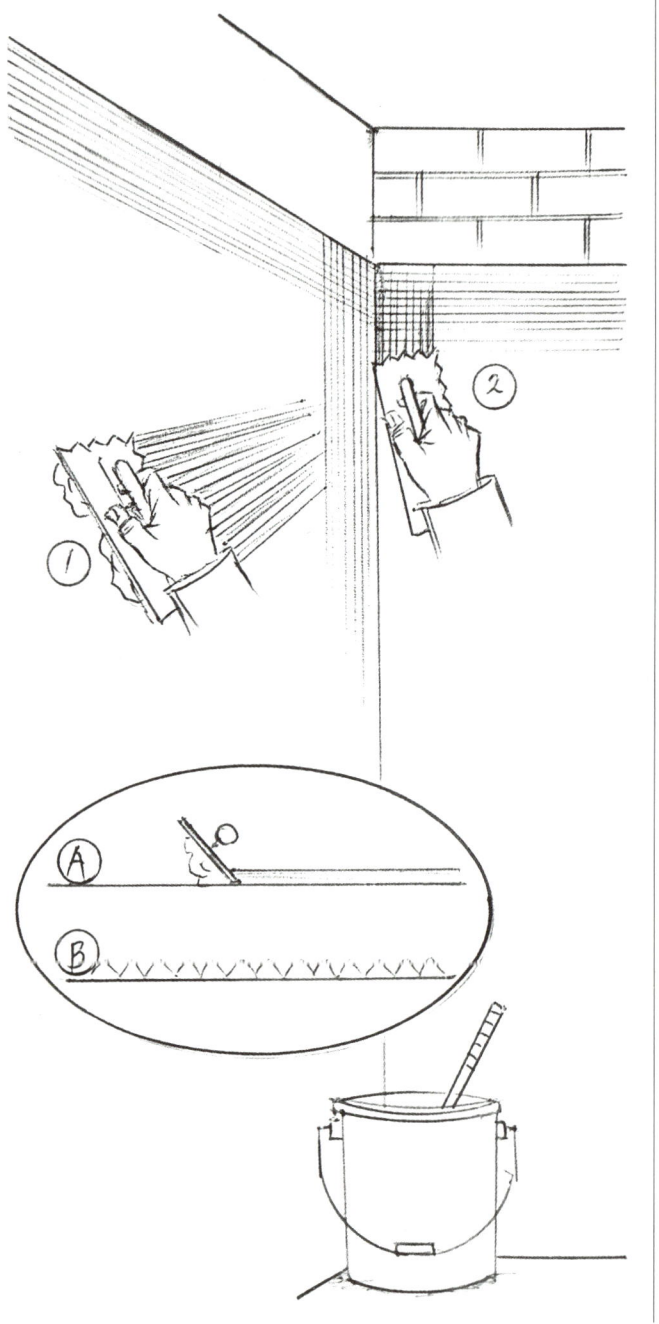

「타일 본드 바르기」
– 본드 칠은 타일 시공을 배울 때 가장 어려운 부분 중의 하나!!

[핵심]
① 미리 펼쳐놓은 본드를 적당한 사이즈의 톱날고대를 들고 바닥면과 약 30~40도 정도의 경사각으로 긁어낸다.

주의
이때 Ⓐ처럼 톱날이 바닥 면에 닿아야 Ⓑ처럼 바닥에서 균일한 골이 생기게 된다.

TIP
일반적으로 벽타일 덧방 시공용 톱날고대는 5mm 전후의 사이즈를 주로 사용한다.

② 구석이나 코너면은 앞쪽의 톱날을 이용한다.

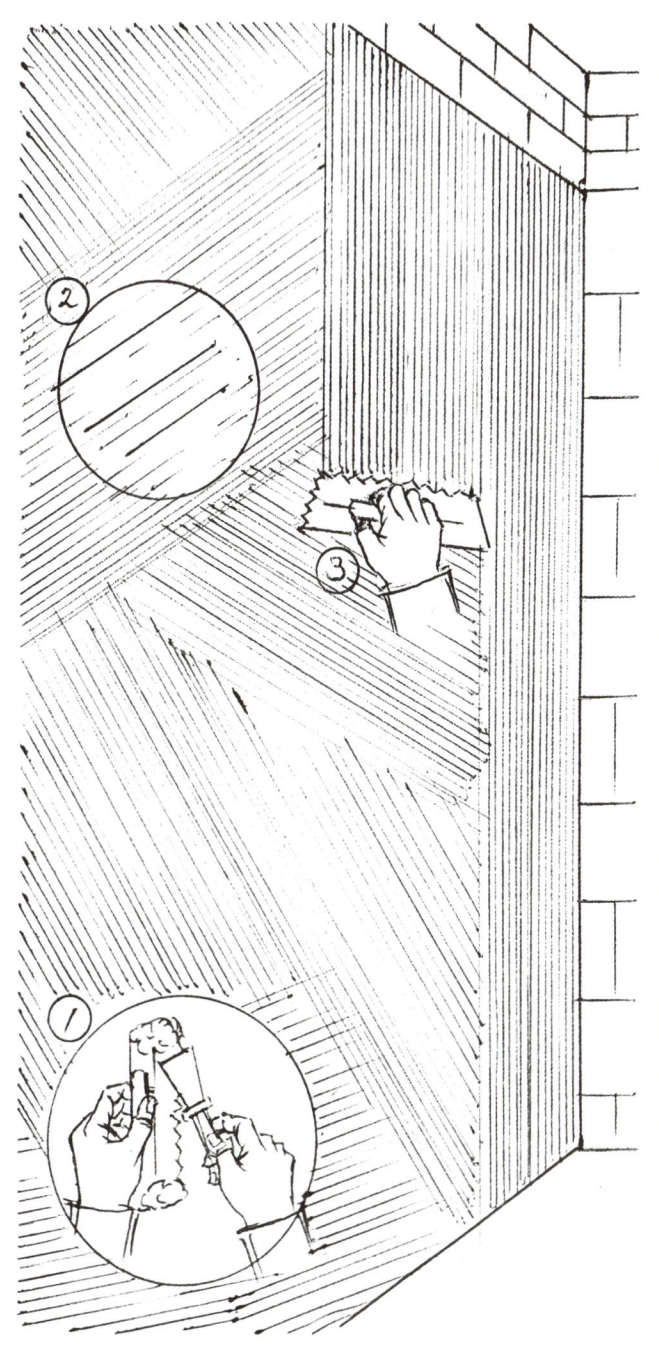

「타일 본드 쉽게 바르는 방법」

TIP

① 톱날 고대에 덕지덕지 달라붙는 타일 본드는 바로바로 헤라로 제거.
- 작업이 용이해짐.

② 그림처럼 본드가 끊겨서 이어지는 경우는 본드 양이 부족하기 때문.
- 본드를 시공 면에 미리 충분히 떠 놓고 시공한 후 남은 본드를 회수해서 다른 시공 면이나 본드 통에 놓는 것이 좋다.

③ 본드 칠의 가장 마지막은 좌우 또는 그림처럼 위 아래로 아주 크게 긁어 준다.
- 이렇게하면 조금 떨어진 부분과의 단차도 유사하게 맞출 수가 있다.

주의

본드가 칠해지는 두께는 타일 시공 시 '단차' 문제와 직결됨.

TIP

타일 본드

- 물에 녹는 수용성.

- 10mm 이상 두껍게 뭉쳐져 있을 때는 쉽게 양생되지 않지만 얇게 펼쳐져 있을 경우에는 바로 겉마름이 발생할 수 있으니 주의.

- 순간 접착력은 매우 우수하지만 접착 강도는 세지 않기 때문에 포세린 타일처럼 무거운 타일은 시공 금지.

- 17kg 포장, 20kg 포장이 있음.

- 두껍게 시공하면 양생이 안되고 썩을 수 있으니 주의.

욕실 벽 타일 시공법

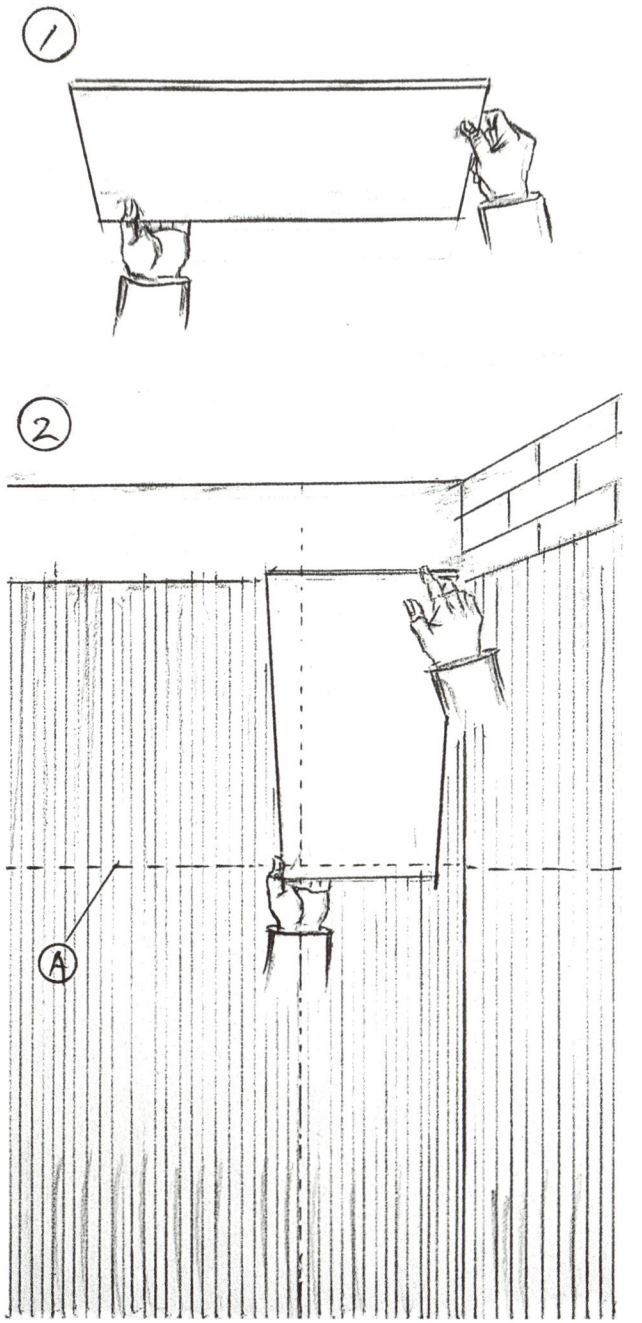

「타일 붙이기」

[핵심]
① 타일에 상처가 없는지 검사.

② 타일을 그림처럼 들고
   시공 면에 붙인 후 일단 손등으로
   툭툭쳐서 고정시켜 놓는다.

주의
이때 손 동작이 중요한 이유는,
자칫 타일이 한쪽만 먼저 눌러지거나
손에 본드가 묻어버려서
해당 부분의 본드 양이 부족해 질 수 있기
때문이다.

- 타일 본드는 순간 접착력이 좋아서
  손등으로 툭툭 쳐 놓아도
  일단 고정은 된다.

Ⓐ 레이저 레벨기 선.(수직, 수평)

실전 시공 훈련

욕실 벽 타일 시공법

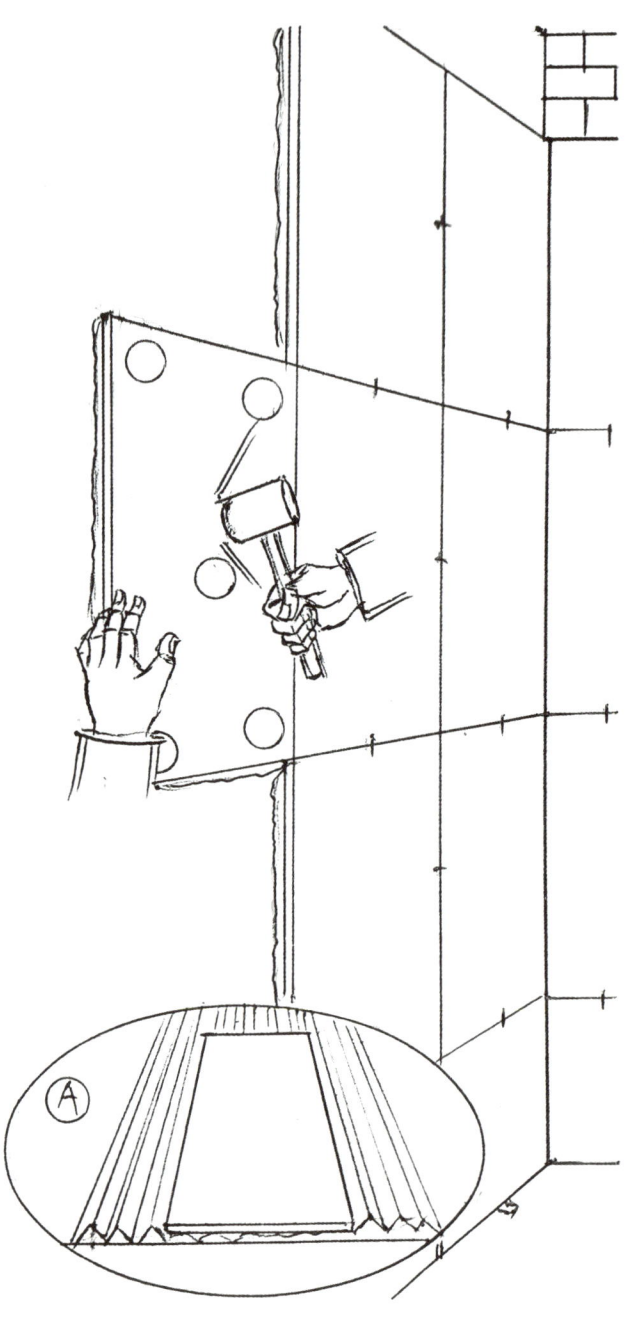

「타일 붙이기」

망치질은 타일을 본드에 압착시키고 타일끼리의 단차를 맞추는 용도이다.

주의

이때 너무 세게 망치질을 하면
타일(특히 도기질 타일)이 깨질 수 있고,
좀 세게 쳐서 한 부분이 쑥 들어가 버리면
단차를 맞추기가 어렵기 때문에
원형 표시된 5곳을 골고루 두드리면서
압착 시켜 나간다.

망치질은 Ⓐ처럼 타일과 닿는 본드를 압착 시켜 준다.

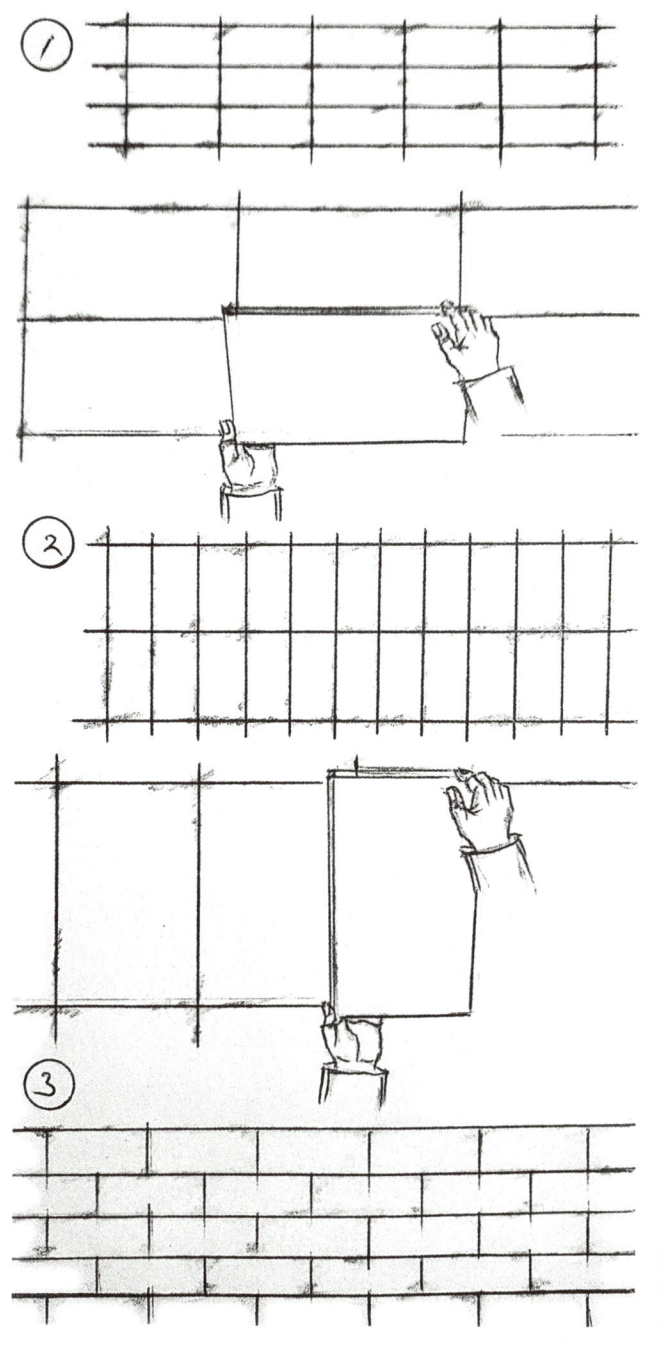

> **TIP**
> 타일을 붙이는 모양은 타일의 종류,
> 디자인 컨셉등에 따라서 여러 가지가 있는데
> 일반적으로 많이 시공되는
> 250×400사이즈와 300×600사이즈의
> 벽 타일일 경우에는
> 다음의 세가지 모양으로 주로 시공된다.
>
> ① **가로 시공.**
>
> ② **세로 시공.**
>
> ③ **반타기 시공 – 벽돌 쌓기 문양.**
>
> 이 외에도 격자 시공, 사선 시공, 헤링본 시공 등
> 다양한 모양으로 시공할 수 있다.

욕실 벽 타일 시공법

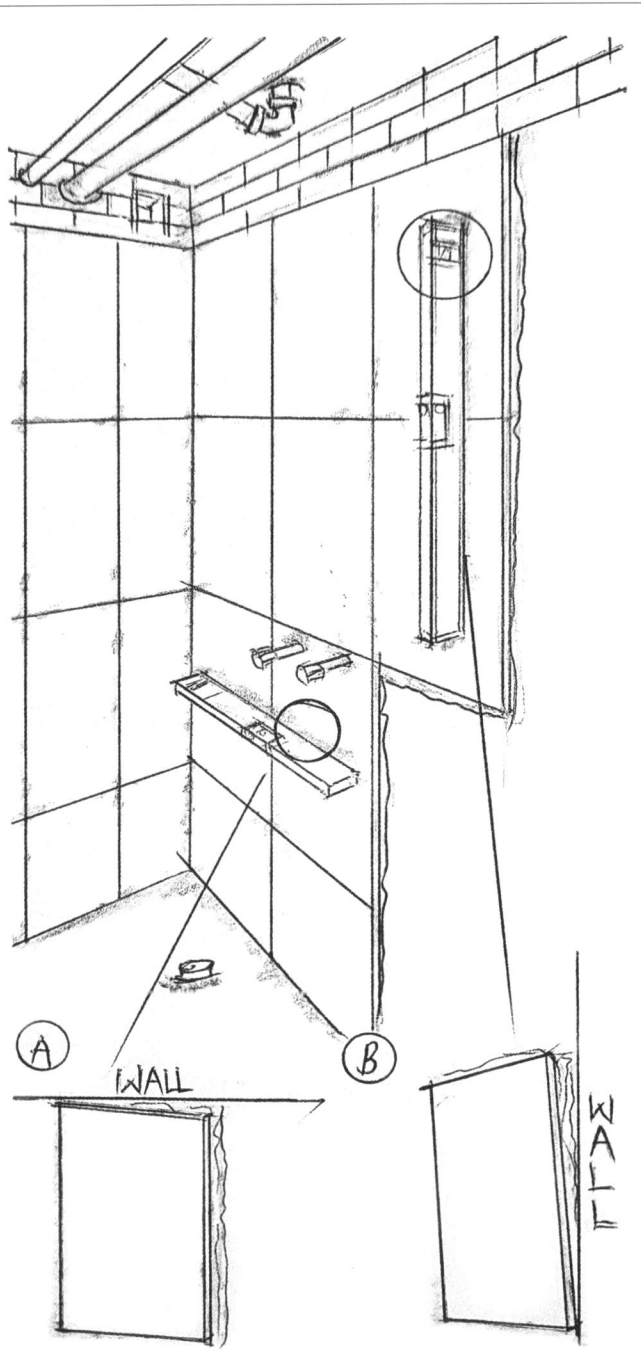

「수직, 수평보기」

벽타일 시공 시 가장 중요한 요소는 수직, 수평이다.

수직, 수평으로 이어진 여러 장의 타일이 일직선으로 곧게 시공되어 있고, 가로로도 수평대에 전면이 밀착되게 시공되어 있다면 좋은 시공이라고 볼 수 있다.

반면 Ⓐ와 Ⓑ의 경우는 나머지 모든 타일의 경사도와 단차가 엉망이 되는 원인이 된다.

그래서 타일 한 장 한 장의 가로세로의 수평, 수직선 정렬이 중요하다.

Ⓐ는 수평대의 눈금이 아니라 수평대와 타일의 밀착 상태로 기울기를 판단한다.

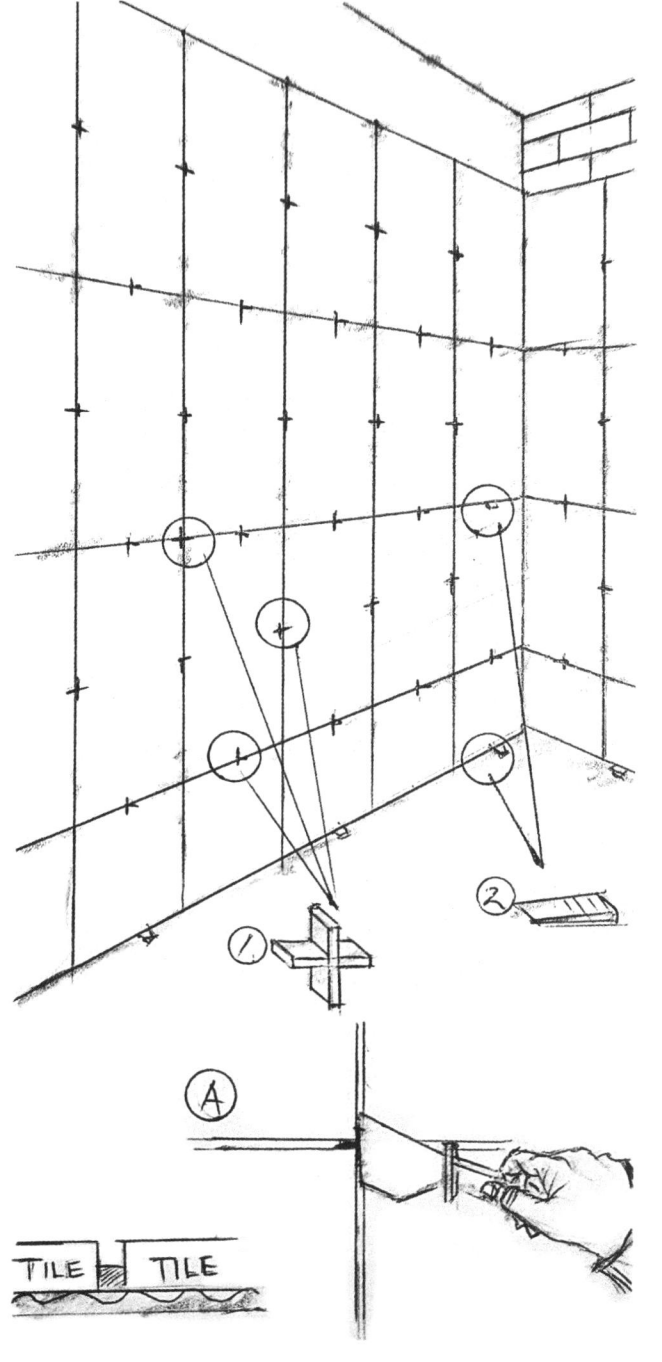

「메지 간격과 스페이스(쿠사비)」

① 십자 쿠사비(스페이스)는
주로 타일 사이에 쓰인다.

② 일자 쿠사비(스페이스)는
주로 모서리 등에 쓰인다.

TIP
내장 타일의 메지 간격은
1.2mm, 1.5mm, 1.8mm, 2.0mm 등이
주로 시공되며, 스페이스도 이 사이즈에
맞춰서 생산, 판매된다.

Ⓐ 특히 타일이 교차하는 부분은
그림처럼 아예 깊숙이 집어넣어 버린 후
추후 다시 빼지 않고
그대로 메지 시공을 하는 경우도 많다.

욕실 벽 타일 시공법

「타일 재단 – 커팅기용」
- Ⓐ 부분의 타일 커팅.

[핵심]
① 처럼 표시(메지 간격 감안)하고
다시 타일을 쥔 왼손을 그대로
위로 올려서 ②처럼 표시.
- 표시한 두 지점에 선을 그은 후
타일 커팅기로 커팅.
표시할 때 방향과 180도 회전 시켜서
잘린 면이 벽쪽으로 가게 붙이면
정확하게 들어 맞는다.

TIP
실무에서는 이와같은 경우
벽 내각 모서리에 크랙 방지용(줄눈의 크랙(금))
실리콘 시공을 할 것이기 때문에
아예 2mm 메지 사이즈를 포함해서
약 3mm정도 여유를 두고 표시, 커팅한다.

주의
타일과 타일이 만나는 면은 어떤 경우라도
커팅면을 만들면 안됨.

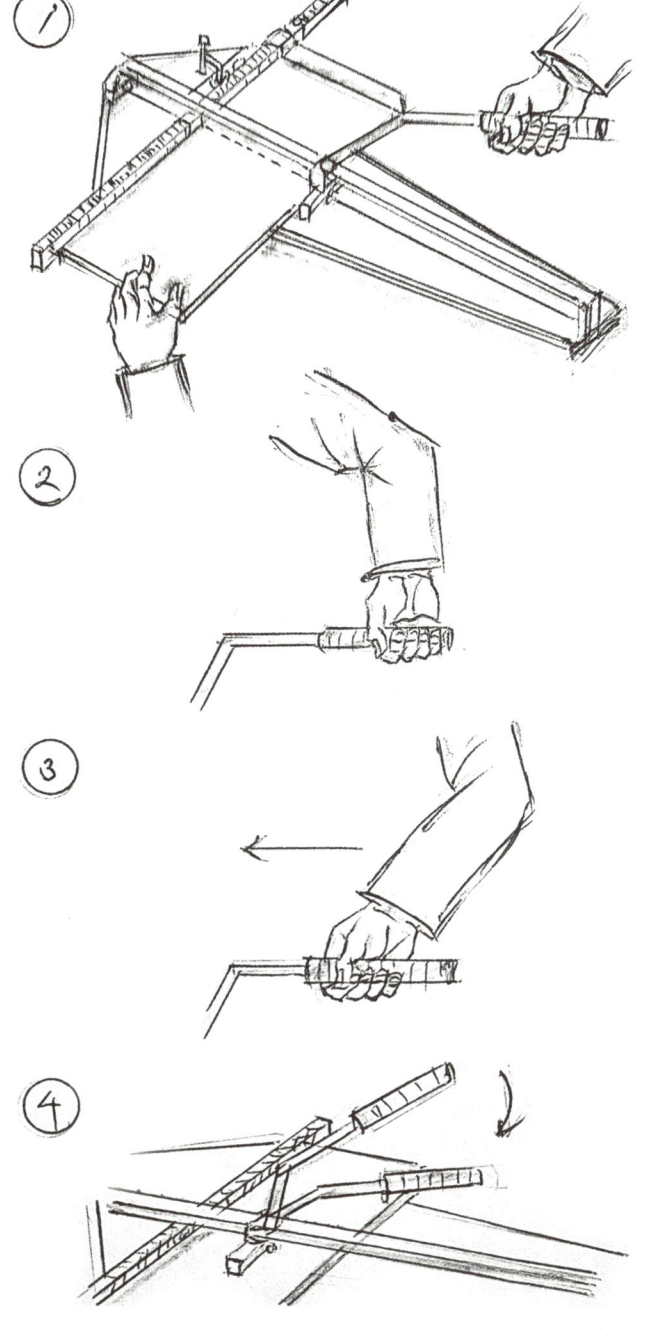

「타일 커팅 – 커팅기」

[핵심]
① 타일을 커팅기에 올려놓고
   고정 눈금자(대)에 타일 면이
   골고루 대어지게 놓는다.

② 레버로 금을 긋는다.

②,③처럼 마치 당구를 치듯 가볍게
   밀어 줌.

④ 이 후 타일 윗면에서
   약 60mm 정도 밑에서(적당한 위치)
   레버를 한번 들었다놓으면
   양쪽에 달린 직사각형의 받침대가
   금을 그은 타일의 양쪽 면을
   누르게 되어
   그 상태로 힘을 주어 누르면
   '툭'하고 절단된다.

TIP

타일 커팅기 사용 시 유의 사항

주의 ■ 레버를 잡고 타일에 "금"을 긋는 것이지 '절단'을 하는 것이 아님.
- 억지로 절단하려고 레버를 밀면 레버에 연결된 부속 밑에 달린
  원형 커팅 날이 상하게 된다.

■ 원형 날이 타일에 올라탈 때가 금을 긋기 어려움.
- 아예 원형 날을 타일 위 20mm 지점에서 뒤로 한번 긋고 나서
  레버를 밀어 금을 긋는 경우가 많다.

레버는 타일을 커팅하는 기준이 되는 금을 긋는 도구이기 때문에
좌우로 흔들림에는 민감해서 고장의 원인이 된다.
그래서 커팅기 이동 시에는 반드시 레버를 레일 끝부분의 걸쇠로 고정 후에
레일 부분을 잡고 이동해야 한다.

그라인더 사용 시 유의 사항

■ 그라인더는 현장 한쪽에 지정된 장소에서만 사용한다.
  전면에는 분진 망을 설치하고 바닥에는 깔판을 깐다.
  깔판은 스치로폼이 가장 좋고, 없을 경우 박스를 두껍게 깔아서 사용한다.

■ 타일 시공 시에는 타일 전용 날을 사용하고 코너비드(모서리 마감재) 절단 시에는
  금속 절단용 날로 교체해서 사용한다.

■ 가급적 보호 커버를 착용한 채 사용한다.

■ 젖은 장갑을 끼고 사용하면 절대 안된다.

■ 충전식이 더욱 안전하고, 전기식은 반드시 코드를 꼽기 전에 그라인더를 손에 쥔 후
  혹시나 전원 모드가 켜져 있을 때를 대비한다.

욕실 벽 타일 시공법

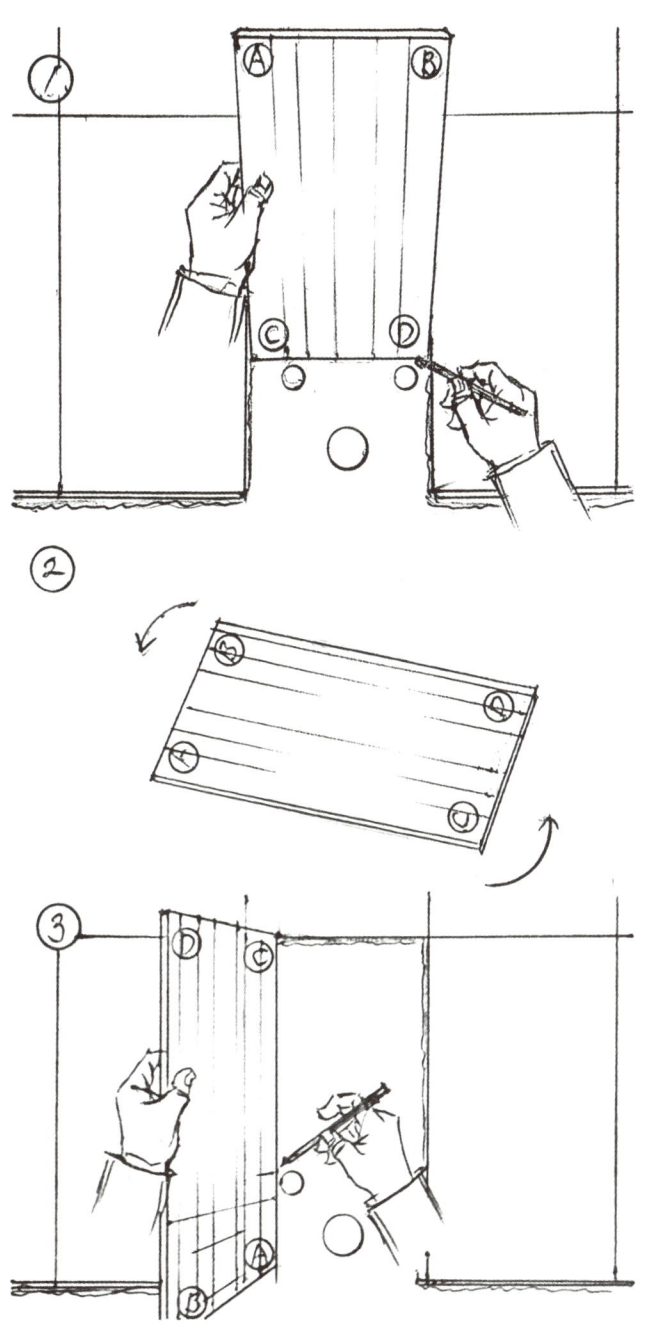

「타일 재단 - 그라인더 커팅용」

[핵심]
① 타일 뒷면으로 그림처럼
   급수구와 배수구를 표시한다.
   세로선의 표시가 끝나면,

② 타일을 180도 회전시켜서,

③ 처럼 가로선 표시 이후
   이 선들이 만나는 지점을 표시하면
   사각형의 형태가 나온다.

주의
표시를 할 때에는 급수구의
PVC메꾸라가 들어갈 정도여야 하지만,
너무 크게 표시하면 커버가 안되서
그 '자체'가 '하자'가 될 수도 있기 때문에
주의해야 한다.
(반드시 타일 뒷면에 그려야 한다.)

TIP
타일 타공용 홀쏘(전기드릴 장착용)가
판매되기는 하지만,
실무에서는 잘 사용하지 않는다.

욕실 벽 타일 시공법

「타일 커팅 – 그라인더」

[핵심]
그라인더는 먼지가 앞으로 날아가도록
그림과 같이 파지 하고서
그라인더를 당겨내리며 커팅한다.

TIP
그라인더 날이 사각표시선을 넘어서도
(약 10mm까지 넘어서는 정도)
타일 전면에는 상처가 나지 않는다.
(그래서 타일 뒷면으로 재단 및 커팅하는 것임.)

살짝 덜 잘려서
여전히 조각이 붙어 있을 경우에는
가운데의 잘린 조각을 망치로
톡톡치면 떨어진다.

타일의 구멍(수전 구멍 등) 타공용 홀쏘를
별도로 판매하기도 함.

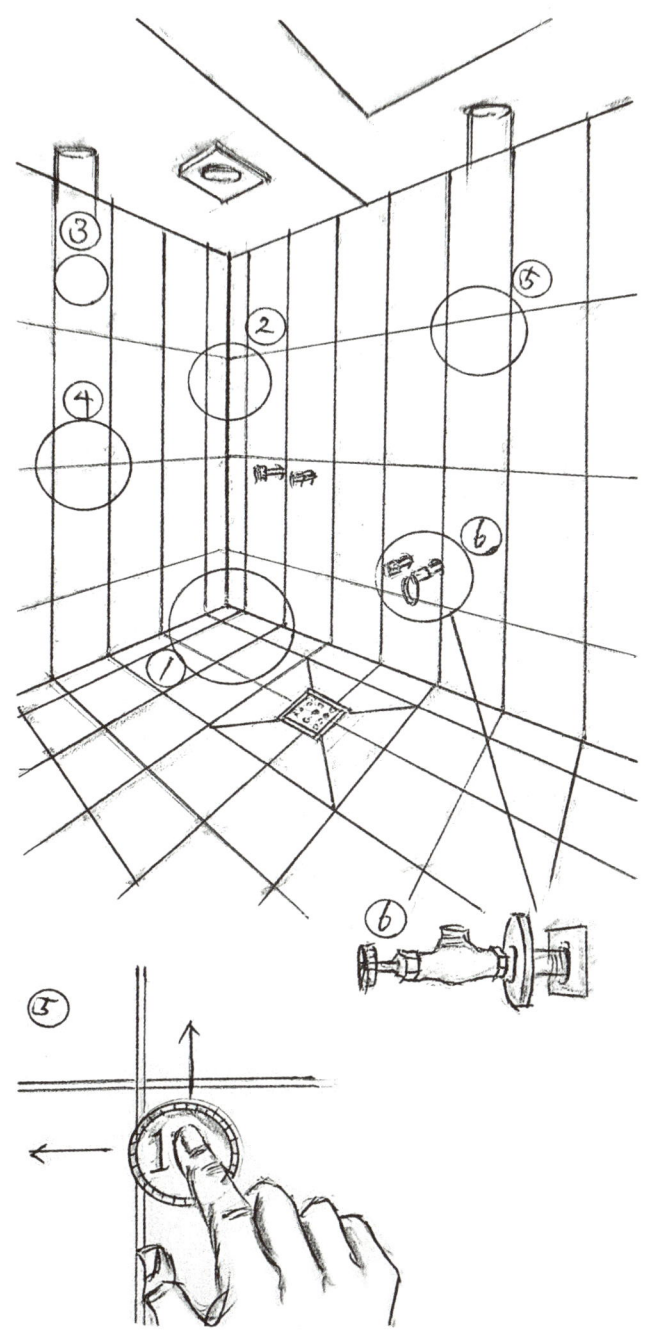

「잘 시공된 벽타일이란?」

[핵심]
① 벽과 바닥의 메지선이 모두 일치하고,

② 벽이 기울지 않고 반듯하며,

③ 타일의 무늬가 잘 맞고,

④ 줄눈(메지) 간격이 일정하고,

⑤ 타일끼리의 단차가 없고,

⑥ 수전 구멍이 알맞게 타공되어서
마개로 커버가 가능한 상태 등이며
이외에도 전체 타일이
시공 면에 견고하게
전면 압착되어 있어야
잘 시공된 벽타일이라고 볼 수 있다.

욕실 벽 타일 시공법

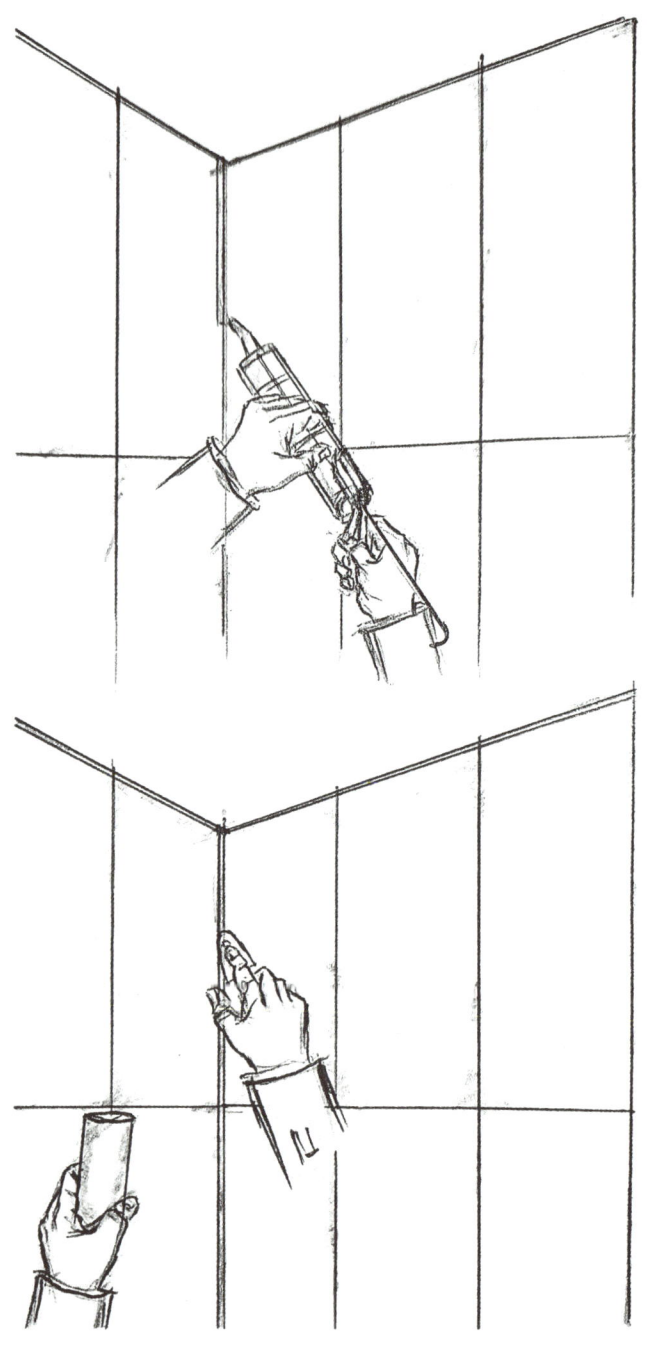

「벽 모서리 처리」

[핵심]
타일의 모서리는 보통 3mm 이내의
간격으로 마감하는 것이 좋으며,
메지의 깨짐을 방지하기 위해서
시공 후 항균 실리콘으로
마감하기는 하지만,
이 부분은 안쪽 모서리가 비어 있는
(접착제가 없이) 경우가 많으므로
메지 시공을 해 두면
추후 실리콘 시공 시에도 편하다.

주의

이 부분은 벽타일의
전체 퀄리티를 좌우하는
중요한 부분이기 때문에
메지 시공이나 실리콘 시공 시에도
두꺼워서 보기 싫게 되지 않도록
유의해야 한다.

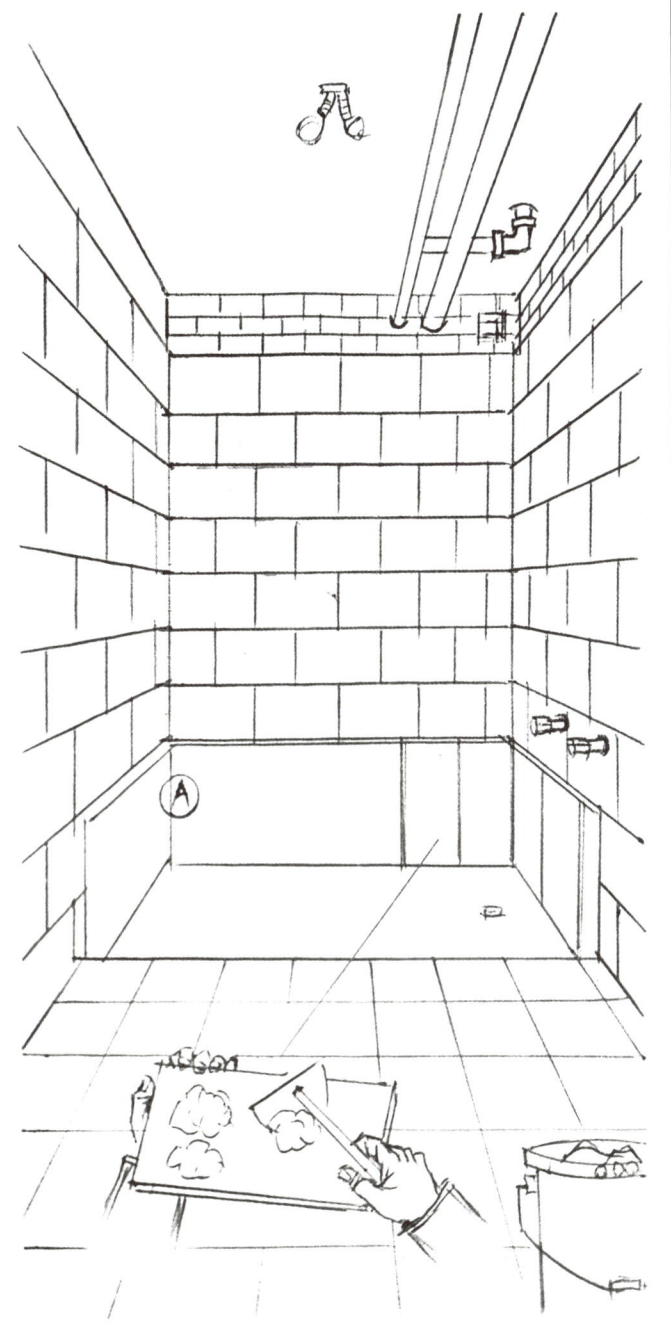

「욕조 자리 타일 시공」

욕조가 놓여 있던 자리는
Ⓐ처럼 옆면과 바닥 부분의
타일이 없기 때문에
덧방 시공 시에는
이 부분의 처리가 문제 된다.

[핵심]
이 경우 벽은 압착 시멘트 반죽으로
폐타일(또는 여분 타일)을 이용한
덧방 시공용 기초 시공을 하고
바닥은 시다지 시공(뒤에 설명)을 한다.

TIP
타일러들 중에서는 이 경우 욕조자리 부분만
'떠붙임 몰탈' 시공을 하는 경우가 많은데
이는 비 추천한다.
최소한 벽 3면 중 1면 이상은
떠붙임 몰탈 시공에 부적합한
내력벽(공구리 벽)인 경우가 많고
기본 단차도 20mm 이상인 곳이
많기 때문이다.

TIP

타일 시공 속도를 높이는 방법

타일 시공 속도를 높이는 가장 좋은 방법은 시공자의 동선을 최소화 하는 것이다.
예를 들어,

① 겉마름이 생기지 않을 정도의 양만큼을 한번에 타일 본드 도포 시공.

② 이후 '온장'위주로 시공면(본드가 도포된 면) 전체에 타일 부착.
　　주의 이때 커팅기 커팅, 그라인더 커팅이 필요한 타일은
　　그 온장 사이즈 만큼 비워서 건너뜀.

③ 커팅기로 커팅 할 면들의 타일들을 일괄 커팅 후 부착.

④ 그라인더 커팅이 필요한 타일들을 일괄적으로 치수 표시 후 커팅.

⑤ 최종적으로 고무 망치를 들고 시공 면에 부착된 전체 타일을 두드리며
　　단차와 줄눈 점검.
　－ 처음엔 다소 어렵지만 익숙해지면 속도가 올라감.

욕실 바닥 타일 시공

압착 시멘트 시공 / 덧방 시공 / 유까(또는 트렌치) 시공

실전 시공 훈련

욕실 바닥 타일 시공법

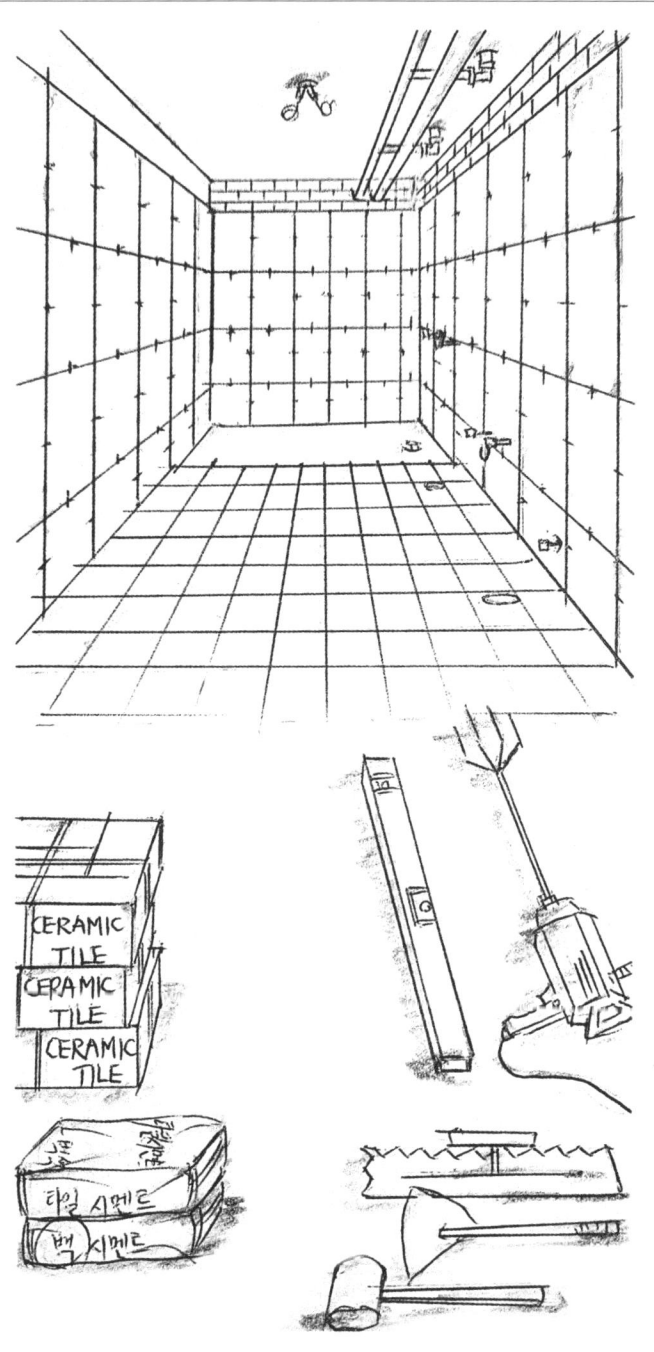

준비

욕실 벽 시공에 이어 욕실의 바닥 타일을 압착 시멘트로 덧방 시공한다.

〈 자재·부자재 〉
- 바닥 타일 1.5평.(3box)
- 압착 시멘트 1포.
- 백 시멘트 1포.
- 칼라 멘트 1봉.
- 트렌치 1개.
- 급결 방수액(소) 1통.

TIP

욕조 자리의 방수 및 시다지 작업이 필요한 경우는 레미탈 3포, 시멘트 1포, 완결 방수액 1통 준비.
- 욕조 배수구는 미리 밀봉.(메꾸라)

〈 공구 〉
- 믹서기.
- 타일 커팅기.
- 그라인더.
- 수평대, 스페이스.(일자, 십자)
- 톱날고대, 믹스통.
- 고무방치, 닝가고대, 쫄지, 수성씨인펜.

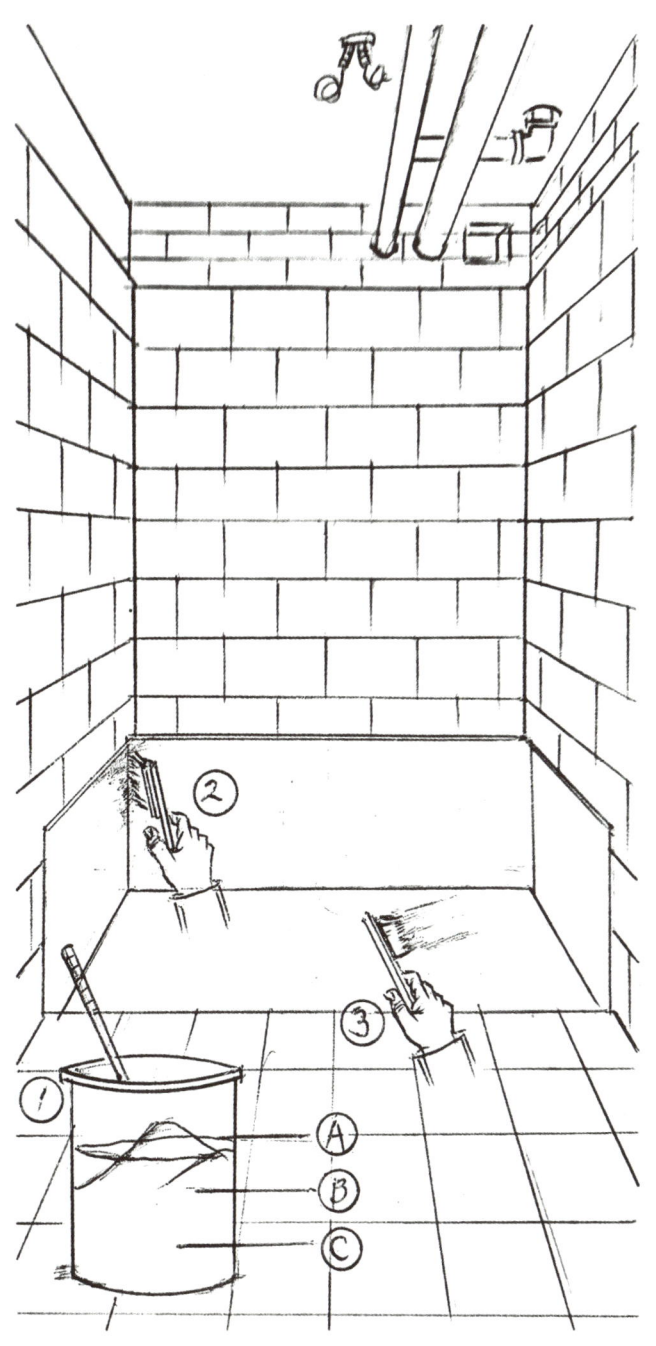

「욕조자리 방수」
- 단, 필요 시에만.

[핵심]
시공면을 깨끗이 청소한 후
기존의 욕조 배수구멍을 막은 다음,

① 물을 넣은 통에 포틀랜드 시멘트와
　완결방수액(ⒶⒷⒸ)를 붓고
　믹서기로 반죽.
- 농도는 걸죽한 미숫가루물 정도.

② 방수솔을 들고 구석 부분과
　벽 일부를 먼저 바른 후
　어느정도 마르면,

③ 다시한번 전체 시공면을 발라 줌.(양생)

이 후 시다지 작업을 하게되는데
(뒷쪽의 「시다지 시공」 참조)
방수 후 충분한 양생시간을
확보할 수 없는 경우에는
급결 방수액을 사용하기도 한다.
- 그러나 비추천 방법
- 타일 시공전 배수구(욕조 배수구)는
　바닥 배수구로 전환 또는 메꾸라.

실전 시공 훈련

욕실 바닥 타일 시공법

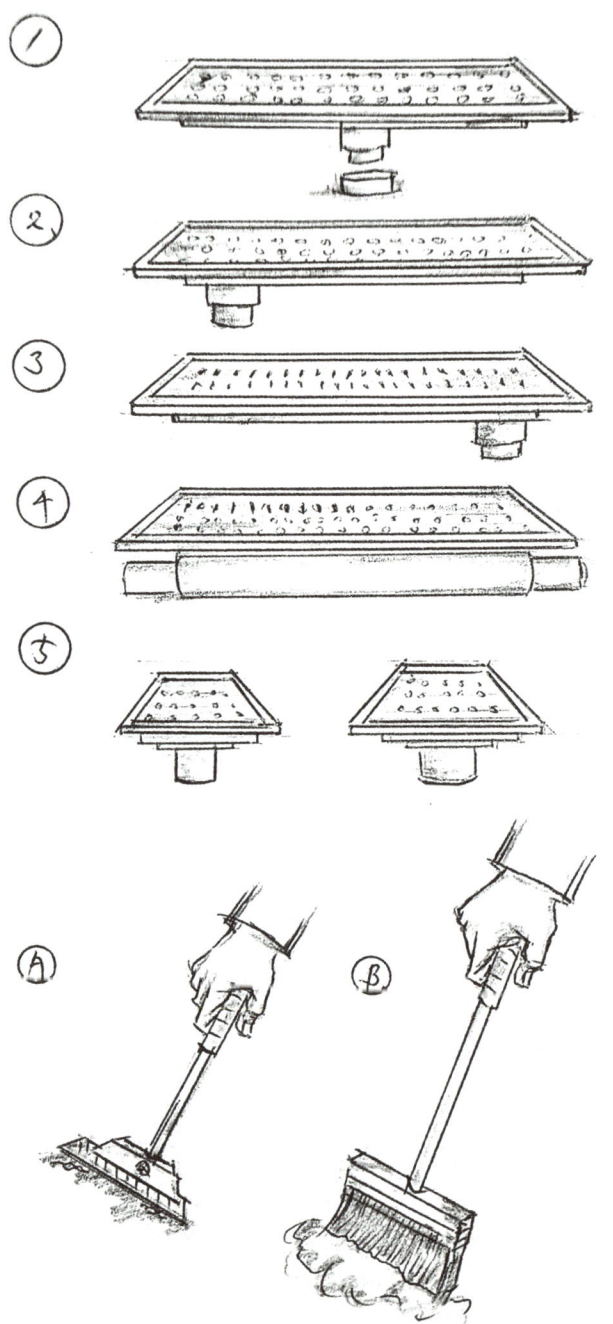

욕실 바닥 시공 시에는 트렌치나 유까를 먼저 준비 (가설치 상태까지)하고 바닥 청소를 하게 되는데,

[핵심]
트렌치는 배관 사이즈 (50mm, 60mm, 75mm)도 고려해야 하고 설치 시 배수구의 위치에 따라,

① 중앙형.

② 좌측형.

③ 우측형으로 쓰인다.
(길이에 따라서도 제품이 다양)

TIP
④는 배관 사이에 설치하는 모델로 주로 배수량이 많은 식당, 주방, 바닥 등에 사용되며, 설치가 다소 어렵다.

⑤는 유까(소), 유까(대).

- 또한 덧방 시공이어서 기존 타일 바닥 면이 미끄러운 경우에는 '38 브레이커'로 여기 저기 일부러 상처를 내서 바닥 면의 접착력을 높이기도 한다.
Ⓐ 스크랩퍼   Ⓑ 청소

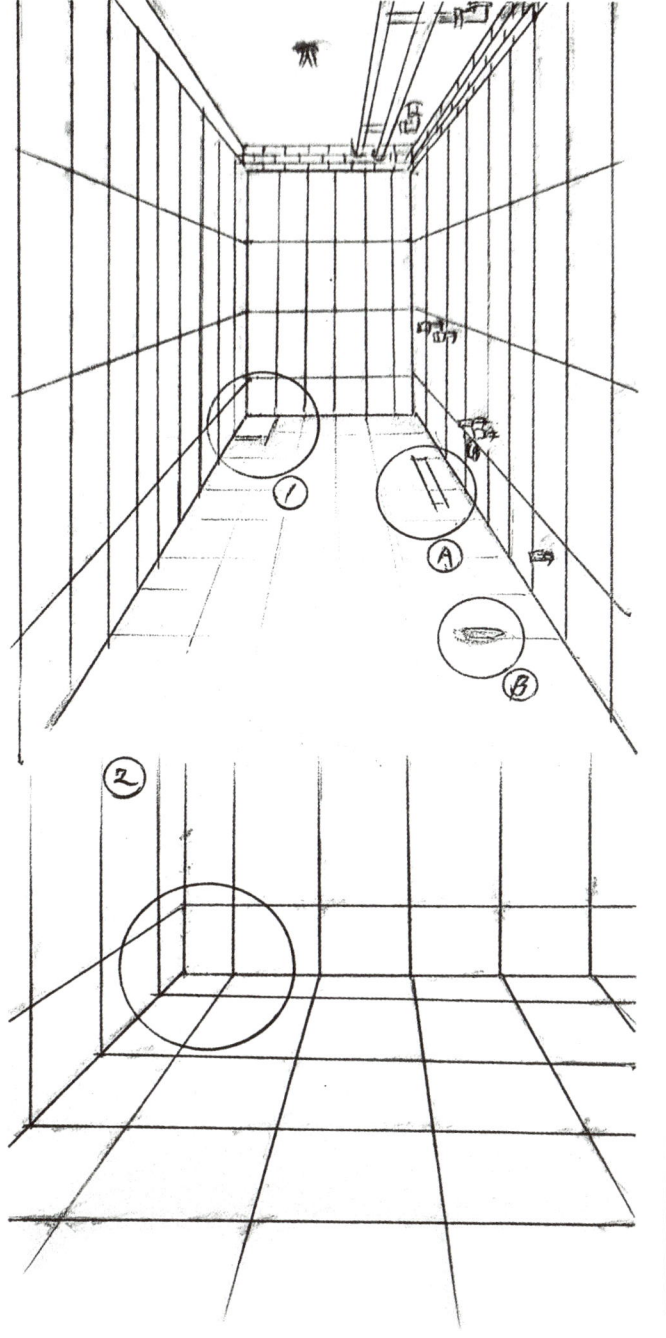

「타일 계획 – 타일 나누기」
 – 미적인 고려와 구배등 실용성, 안전성까지 전체 타일 시공 완료 상태를 가정하고 계획.

[핵심]
① 바닥 타일은 벽타일과 메지선(줄눈)이 최대한 일치해야 예쁜 시공이다.

② 이 부분이 기준 장이 되는데 ②처럼 벽타일이 온장이 아닌 경우에도 바닥 타일을 커팅해서 메지선을 맞추는게 일반적이지만 이것은 선택.

주의
메지선의 굵기는 가급적 같게 한다.

Ⓐ 트렌치 자리.(후술)
Ⓑ 양변기 배관 주위.
 – 이 부분은 양변기 하부 몸통으로 왠만한 너비만큼은 가려지기 때문에 대충 커팅해서(그라인더 커팅) 붙여도 된다.

욕실 바닥 타일 시공법

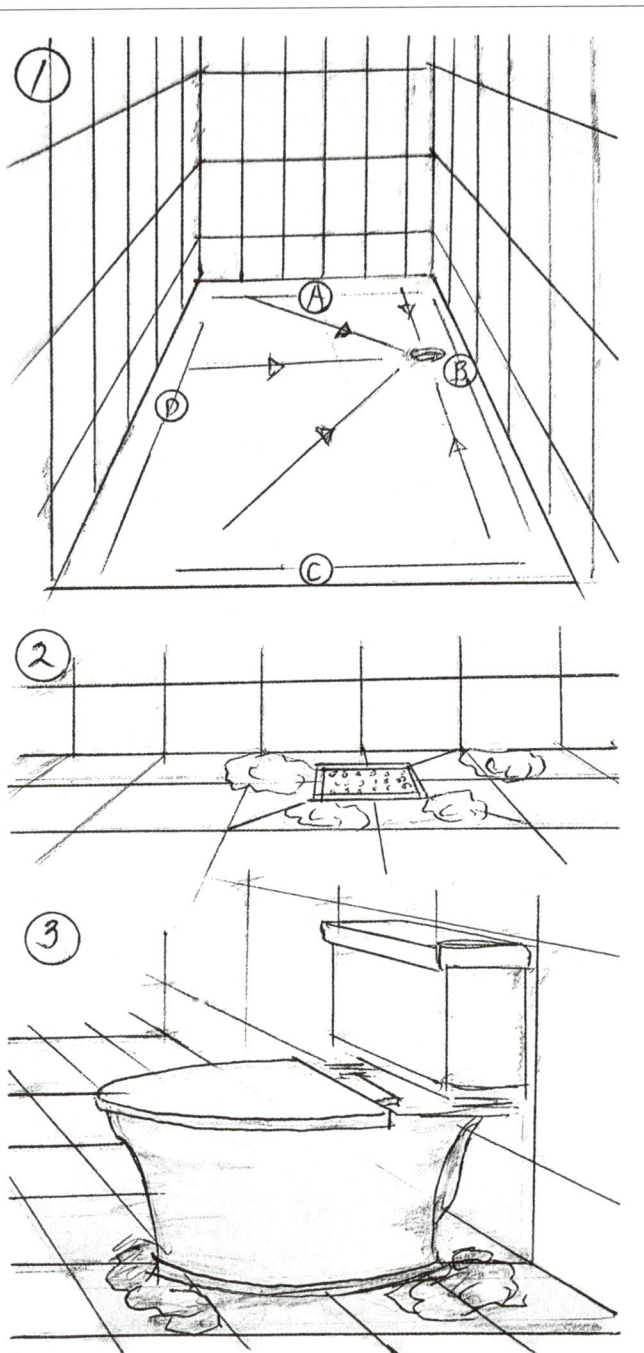

「욕실 바닥의 물매 잡기」
– '물은 잘 내려가는데 얼핏 보기에는 전체 바닥이 평평한 것 같은 상태'가 최적의 바닥 시공.

[핵심]
①에서 Ⓐ Ⓑ Ⓒ Ⓓ 각 사면은
수평이 반듯하고
각 사면에서 배수구 쪽으로
서서히 물매가 잡혀야 함.
(그림-화살표 방향)
 – 가장 어려운 기술.
 – 눈에 띄지 않는 기울기(경사도)로 물은 잘 빠지게 하는 것이 기술.

주의 가장 빈번한 욕실 바닥의 하자가 바로 '물고임', '배수 불량'이다.
특히,

②유까나 트렌치 주변.

③양변기 주위를 조심해야 한다.

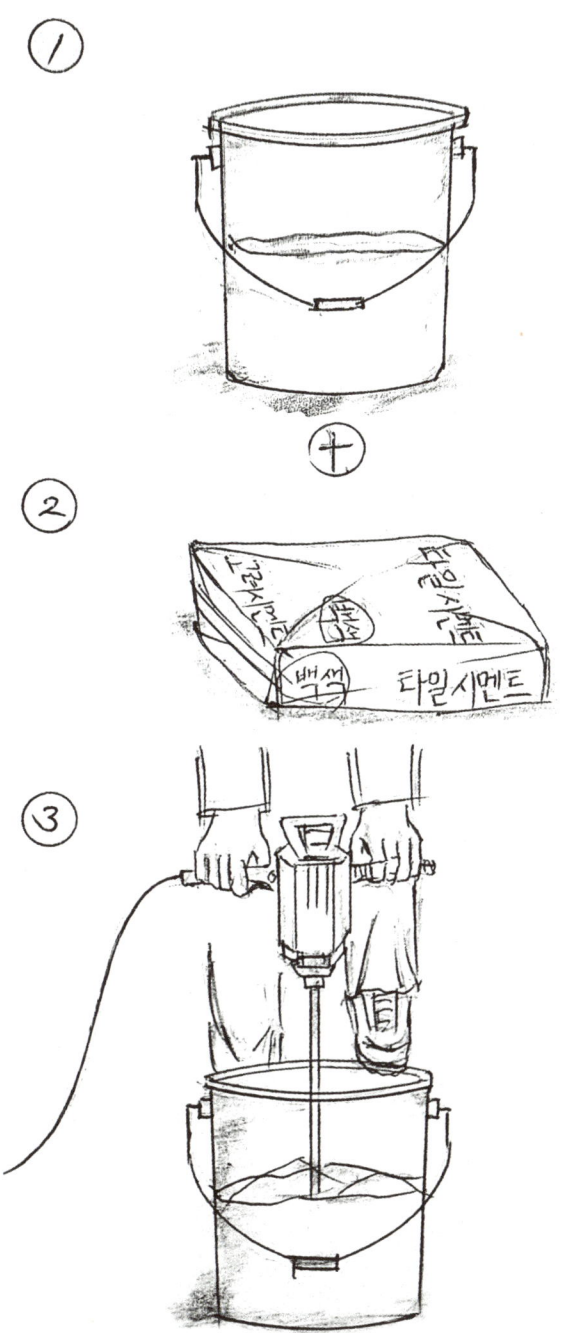

「접착제 반죽」

[핵심]
① 빈통(보통은 타일 본드 통 사용)에
   물을 ⅓정도 넣고,
② 압착 시멘트를 넣고,
③ 믹서기로 믹스한다.

주의
반드시 통에 물을 먼저 부어야
압착 시멘트가 바닥에 눌러 붙지 않는다.

- 가장 좋은 점도는 '생크림'보다
  약간 더 촉촉한 정도.

TIP
압착 시멘트는 양생 후 강도가 세지만
양생속도가 느리기때문에
빠른 양생이 필요한 경우에는
백 시멘트를 30~70% 정도
혼합해 주기도 한다. 단, 강도는 떨어진다.

주의
믹서기는 회전력이 세기때문에 손목 부상 주의.

실전 시공 훈련

욕실 바닥 타일 시공법

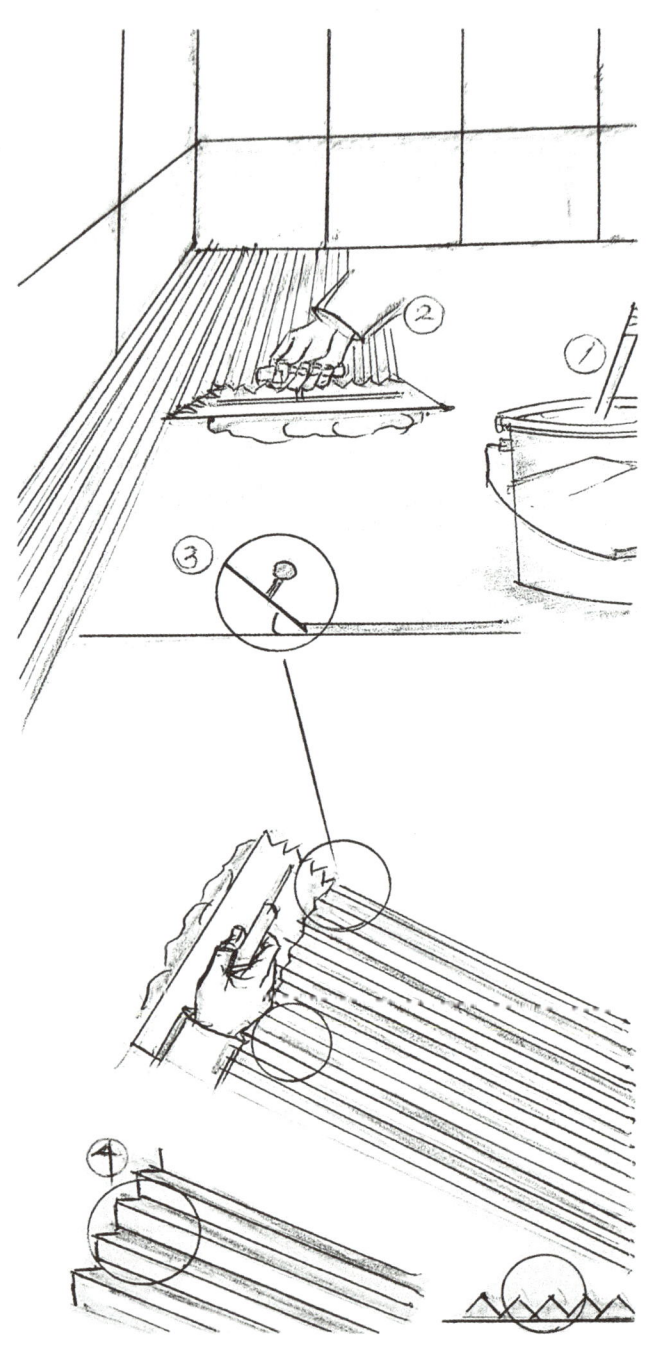

「압착 시멘트 반죽 펴 바르기」

[핵심]
① 냉가고대로 압착 시멘트 반죽을 시공 면에 떠서 놓고,

② 톱날 고대로 펴서 바른다.
 - 보통 10~15mm 정도로 굵은 톱날 고대를 사용하는 편.

주의
바닥에 먼지가 많을 경우에는 압착 시멘트 반죽이 바닥 면에 붙지 않고 뜰 수 있으니 주의.

③ 타일 고대와 바닥면은 약 30~45도 정도의 경사각으로 펴는 것이 좋다.

④ 그림처럼 바닥면에서 반죽이 일정해야 타일의 단차를 예방 할 수 있다.

TIP
압착 시멘트 반죽의 시공 두께는 10~20mm 정도로 시공하는 것이 좋다.
- 기존 경사면 정도에 따라 달리 선택.

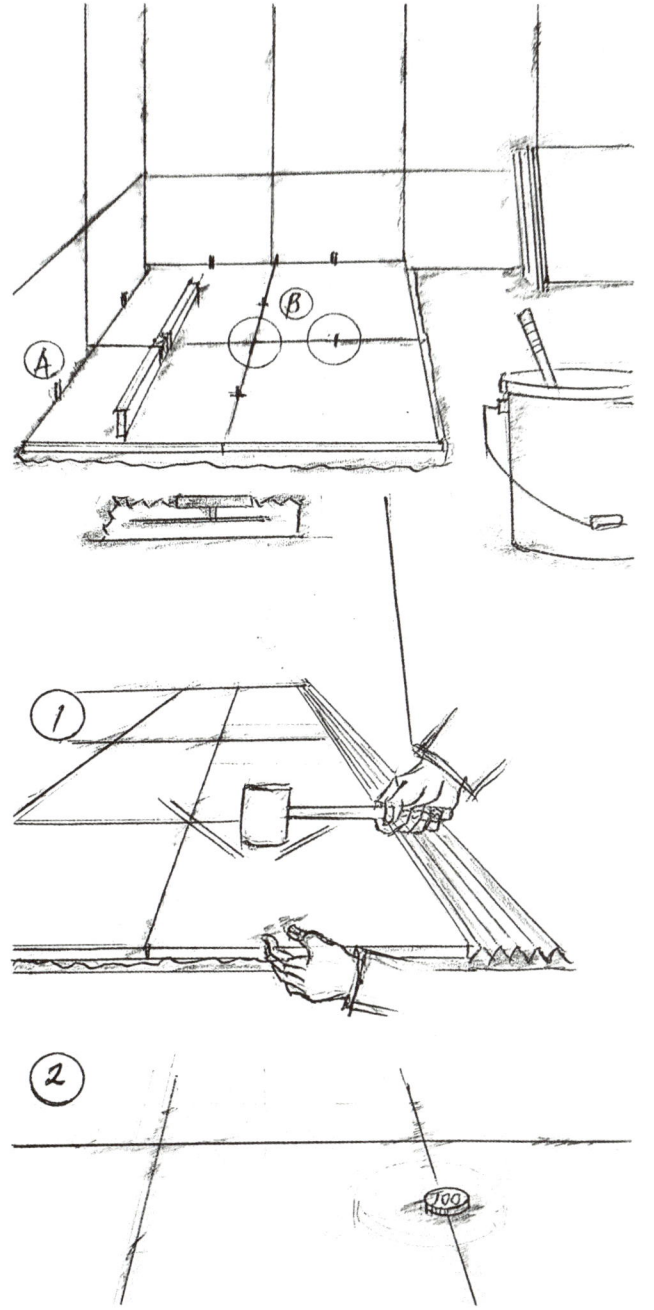

「타일 붙이기」

반죽위에 타일을 올려놓고.

[핵심]
① 고무 망치로 타일을 압착시키며 수평자를 이용해서 가로, 세로 방향으로 수평 유지.(단, 물이 흐르는 방향으로는 살살 경사를 줄 것)
 - 망치질을 하고 타일의 수평과
   물매 경사가 맞으면
   일자Ⓐ, 십자Ⓑ 스페이스(쿠사비)로
   타일 간격을 유지(메지 간격 유지) 한다.
 - 일자는 보통 벽체와 타일,
   바닥과 타일 사이를
   고정하는데 쓰이고
   십자는 타일 사이와 타일 교차 지점에
   고정하는 용도로 쓰인다.

TIP
그림 ②처럼 동전이 타일 사이를 걸림 없이 넘어가면 단차가 아예 없는 시공으로 볼 수 있다.

실전 시공 훈련

욕실 바닥 타일 시공법

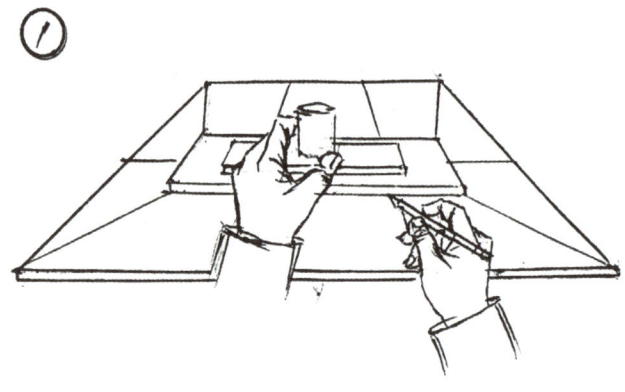

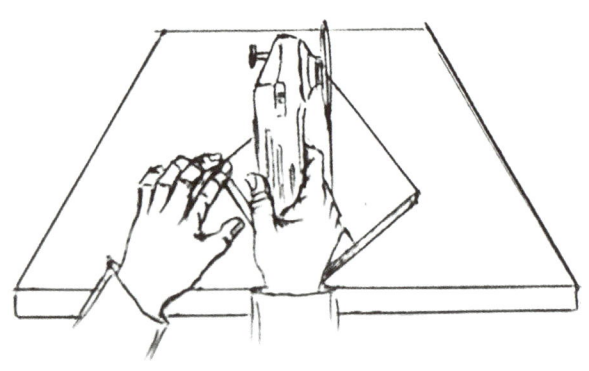

「트렌치 주위(물매) 시공 ❶」
- 욕실 바닥 타일 시공 중 가장 주의해야 하는 시공.

[핵심]
① 시공 면이 아닌
  일반 바닥에 타일을 깔아놓고,
  그 위에 트렌치를 엎어 놓은 후
  트렌치 모양을 그린 다음
  사각 모서리에서 각 모서리의
  사선을 긋는다.

② ①에서 그린 선대로
  그라인더를 이용해서 커팅.
  - ①의 경우 총 10개의 (시공)
    타일 조각이 만들어 짐.
  - 유까나 트렌치나 물매를 만드는
    고정된 방식은 없음.
    (단, 보기 좋고, 물이 잘 내려가면 최고)

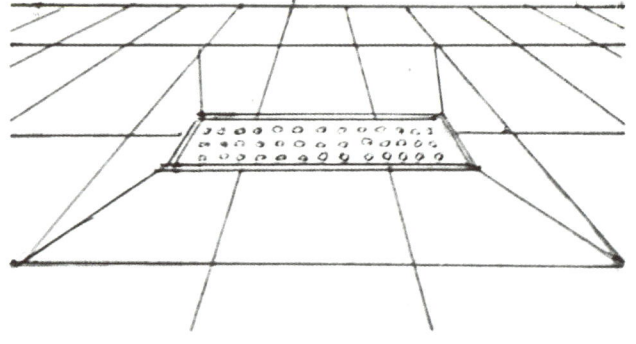

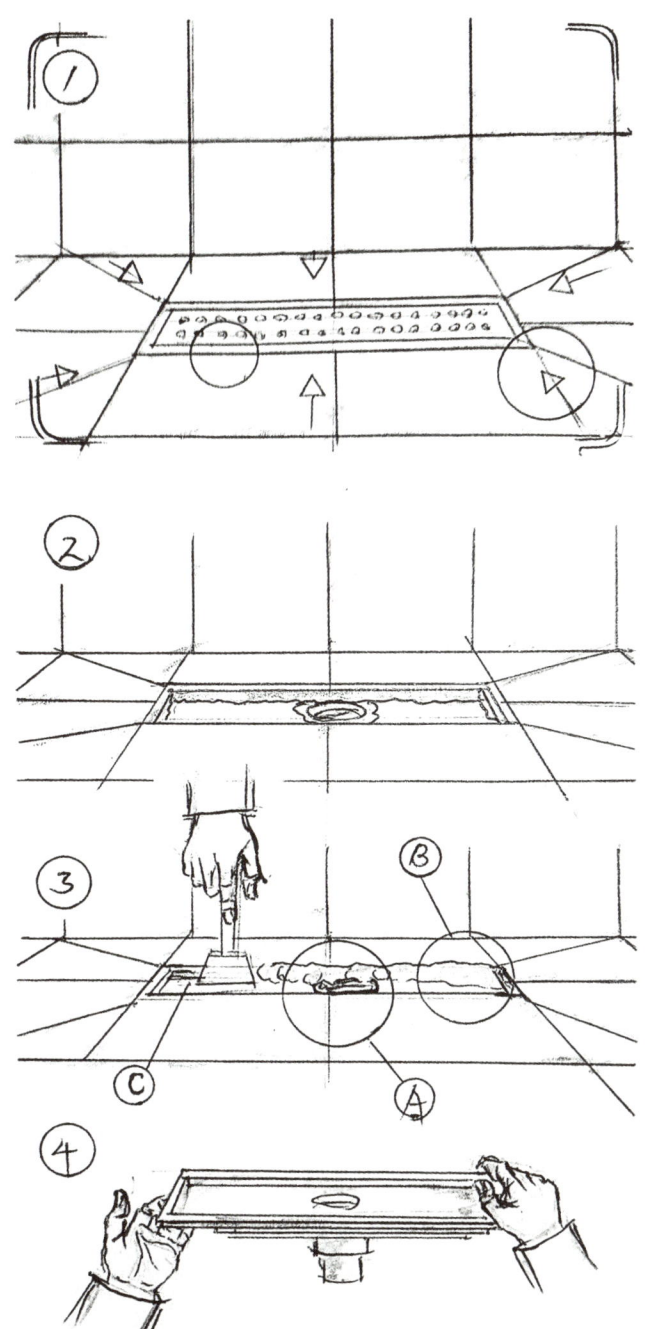

「트렌치 주위(물매) 시공 ❷」

가장 이상적인 트렌치 시공은
①처럼 사방에서 물이
자연스럽게 배수되는 것이다.

[핵심]
② 커팅 된 타일 조각들을
   모양에 맞춰 붙인 후,

③ 백 시멘트를 물과(완결 방수액)
   반죽한 후
   Ⓐ배수구 주위와 Ⓑ타일 옆면
   그리고, Ⓒ트렌치가 놓여 질 바닥 면에
   적당량을 바른 후,(철 헤라 이용)

주의
이때, 백 시멘트 반죽이 배수구에
들어가지 않도록 최대한 주의.

④ 트렌치를 끼운다.

주의
이때 트렌치 상부 면이 타일 표면보다
약 1mm 정도 낮은 것이 좋다.
특히 트렌치와 타일이 만나는 지점에서
물이 고이지 않도록 주의.

실전 시공 훈련

욕실 바닥 타일 시공법

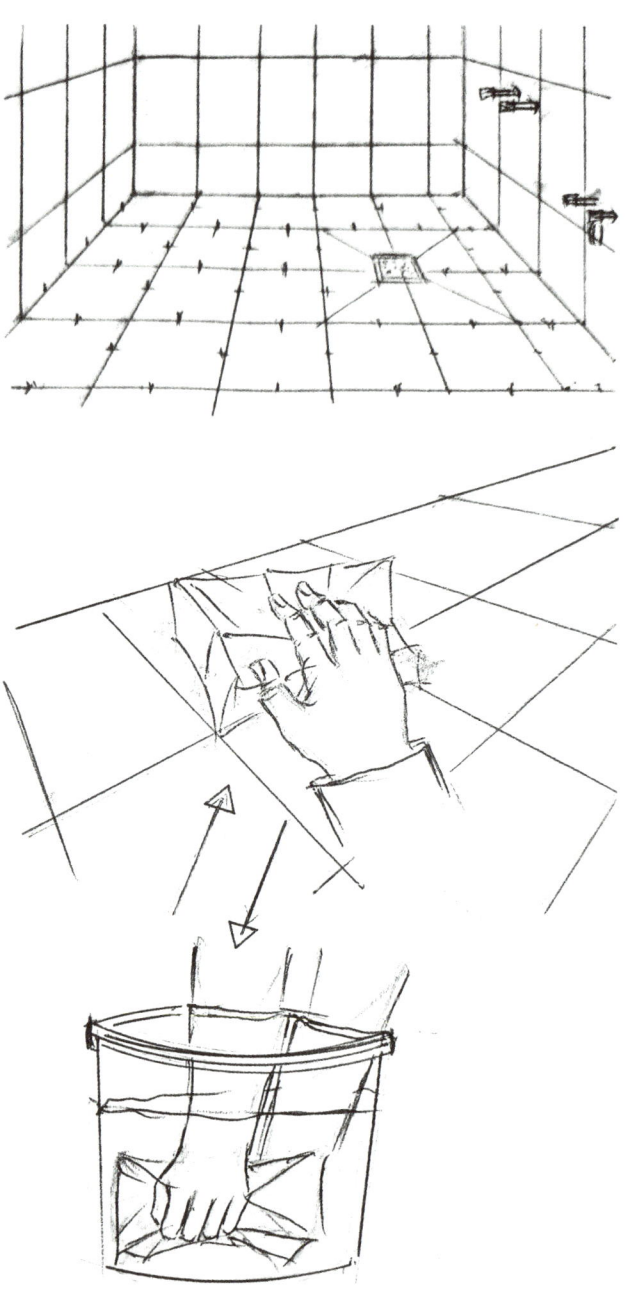

「타일 닦기 및 정리」

바닥 타일은 시공이 끝난 후
다시 들어가서 닦는 것이 여의치가 않다.
타일을 편하게 밟고 들어 갈 수가
없기 때문이다.
그래서, 시공 중간 중간에
손이 닿는 위치까지 닦으면서 나온다.

'백화 현상'을 방지하기 위해서는
깔끔히 닦으며 시공하는 것이
훨씬 효율적이다.

스펀지를 물통에 빨면서 닦음.

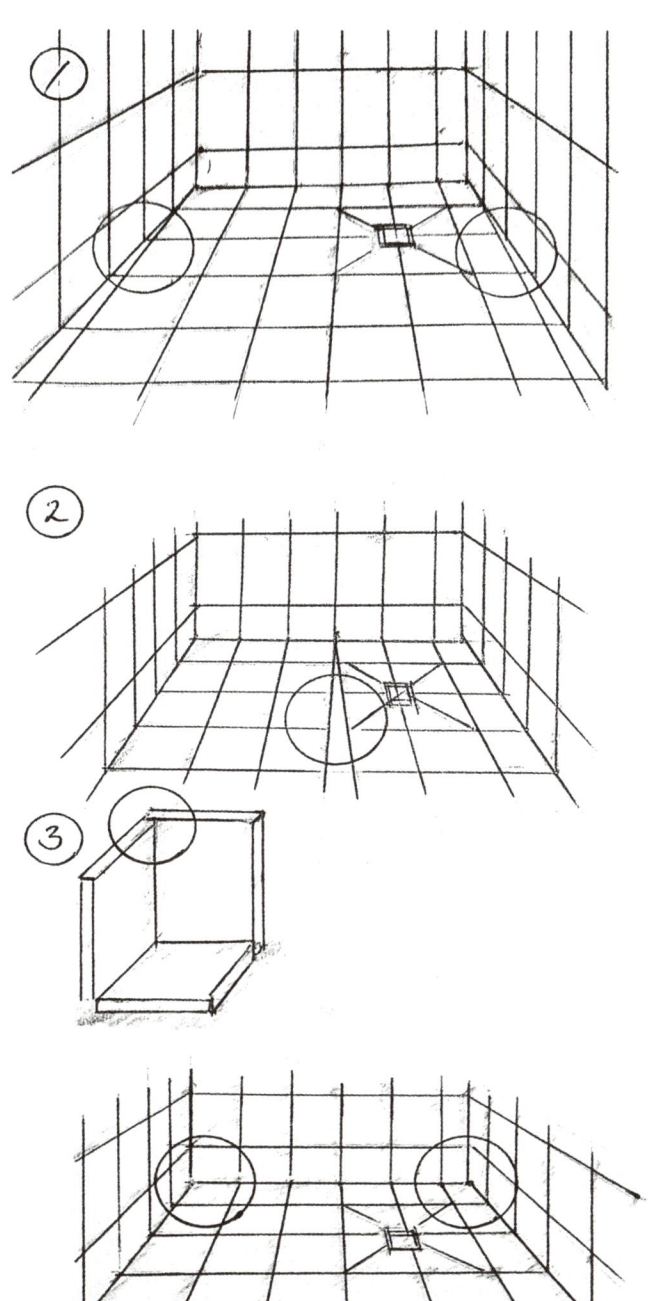

참고

「휘어진 바닥 시공」

욕실 바닥이 마름모 형이거나
한 쪽면이 휘어진 경우 또는
줄눈 간격을 비뚤어지게 시공하는 경우
①이나 ②처럼
보기 싫은 타일 조각이 발생하거나
타일 간격이 점점 벌어지는
경우도 있다.

또한 벽타일을 따라서
바닥 타일을 시공하는 경우에는 ③처럼,
겹쳐지는 벽 타일의 사이즈(줄어듬) 때문에
같은 규격의 바닥 타일을 10mm 미만으로
모두 커팅해야 할 경우도 생긴다.

이와 같은 경우에는
아예 벽타일 시공시에
이런 부분까지 미리 계획해서
애초에 온장이 아닌 적당한 크기로
잘라진 타일로 시공되게 하는 것이
나을 수도 있다.

TIP

논슬립 타일

■ **논슬립 타일**
  - 미끄러지지 않는 타일

일반적으로 바닥 타일은 이러한 논슬립 타일로 시공하게 되는데,
논슬립 타일이라는 특정한 종류가 따로 있는 것이 아니라
보통은 무광 타일을 논슬립 타일이라고 부르는 것이다.
특히, 욕실은 유광 타일로 바닥 시공시에는 큰 위험이 발생할 수 있으니
주의해야 한다.

주방 벽 타일 시공

헤링본 시공 / 방수 석고 면 / 본드 시공

주방 벽 타일 시공

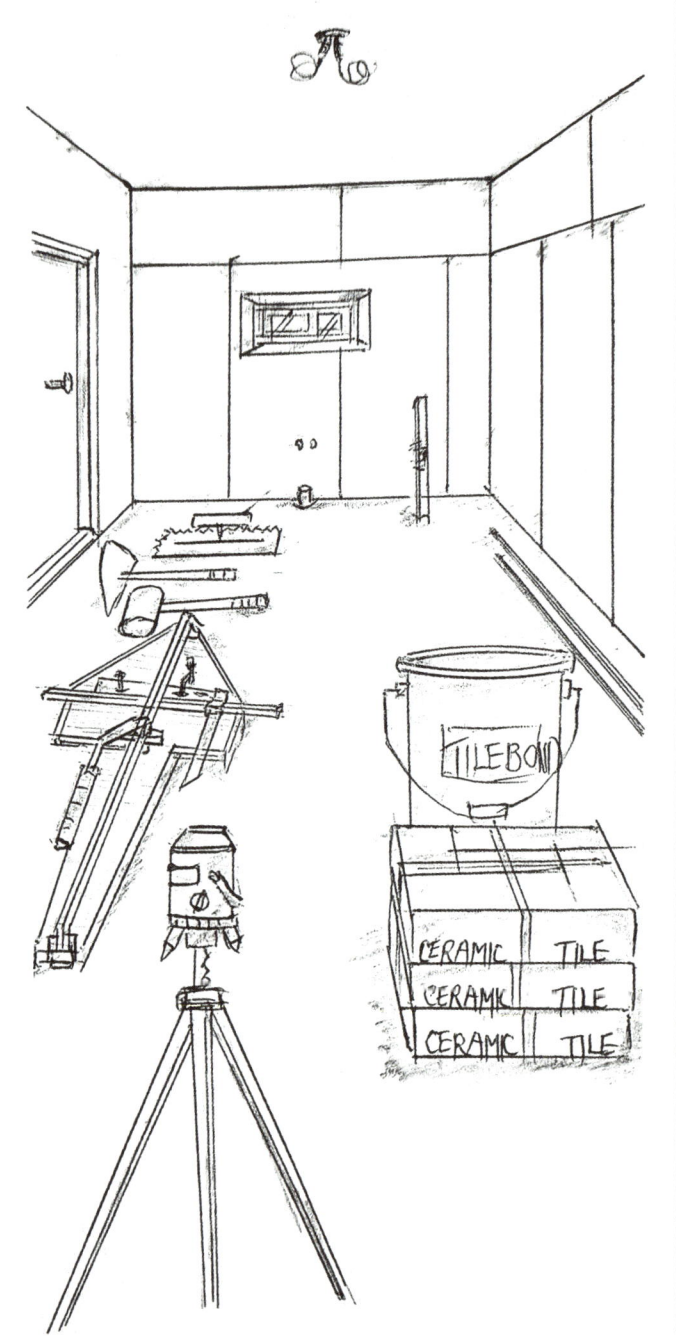

준비

사전 목공 작업 : 방수 석고보드 부착.

〈 자재·부자재 〉
- 100mm × 300mm사이즈 쪽 타일.
  (도기질 2평)
- 타일 본드 20kg 1통 반.
- 타일 마감 비드 2개.(블랙)
- 칼라 멘트(흑색 1봉) 5kg.

〈 공구 〉
- 타일 고대.(톱날 고대)
- 냉가고대, 고무 망치.(소)
- 커팅기, 그라인더 + 날.
- 메지고대, 스펀지.
- 레이저 레벨기, 수평대.
- 싸인펜(수성), 줄자.

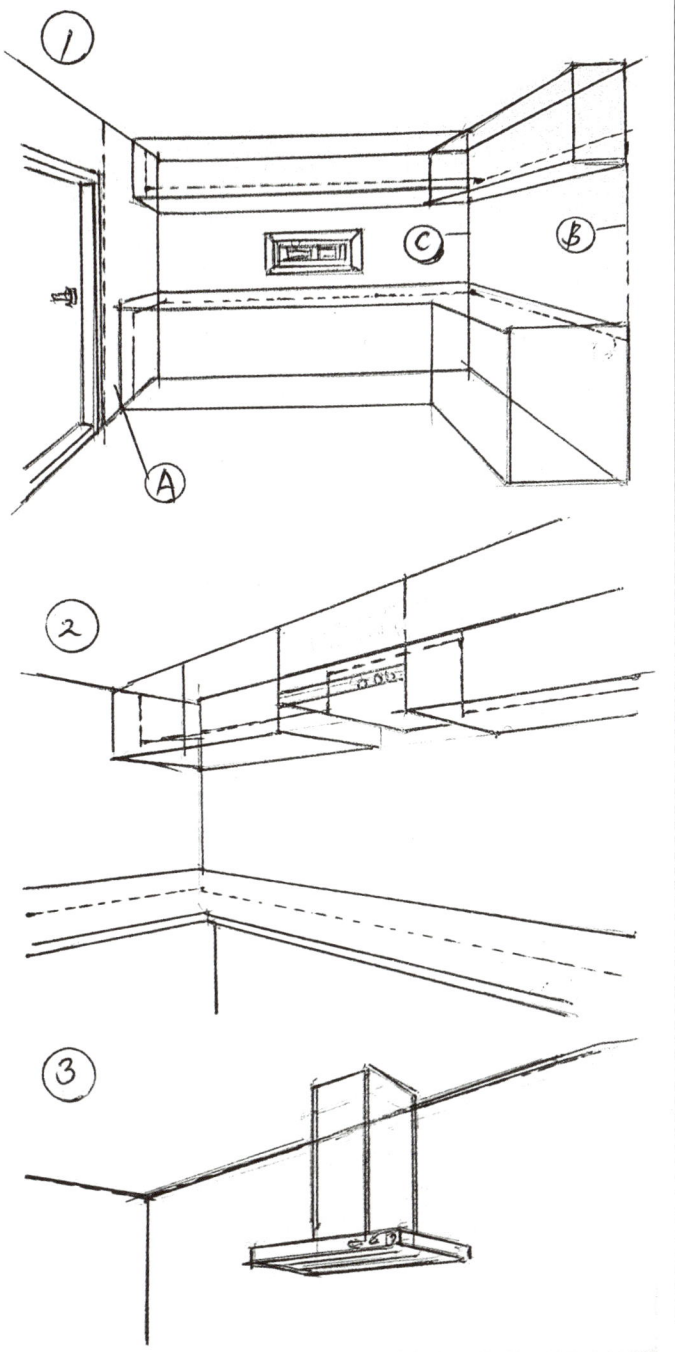

「타일 계획 – 타일 나누기」
- 주방 타일 시공 시에는
  타일의 낭비를 줄이기 위해
  주방 가구의 설치 부분은 시공 제외.

[핵심]
① 가구가 설치되지 않을 부분
   (점선 부분)만 타일을 시공한다.
   Ⓐ(싱크대 세트 설치가 끝나는 부분)는
     위, 아래 길게 전부 시공.
     + 타일 마감비드.
   Ⓑ도 타일 마감 비드.
   Ⓒ지점이 기준 장 시작 지점.

② 상부장이 있는 경우라도
   후드가 들어가는 곳은
   한뼘 정도 위로 더 높게 타일 시공.

③ 상부장이 없는 경우,
   또는 독립형 후드만 설치되는 경우는
   전체 벽 타일 시공.

실전 시공 훈련

주방 벽 타일 시공

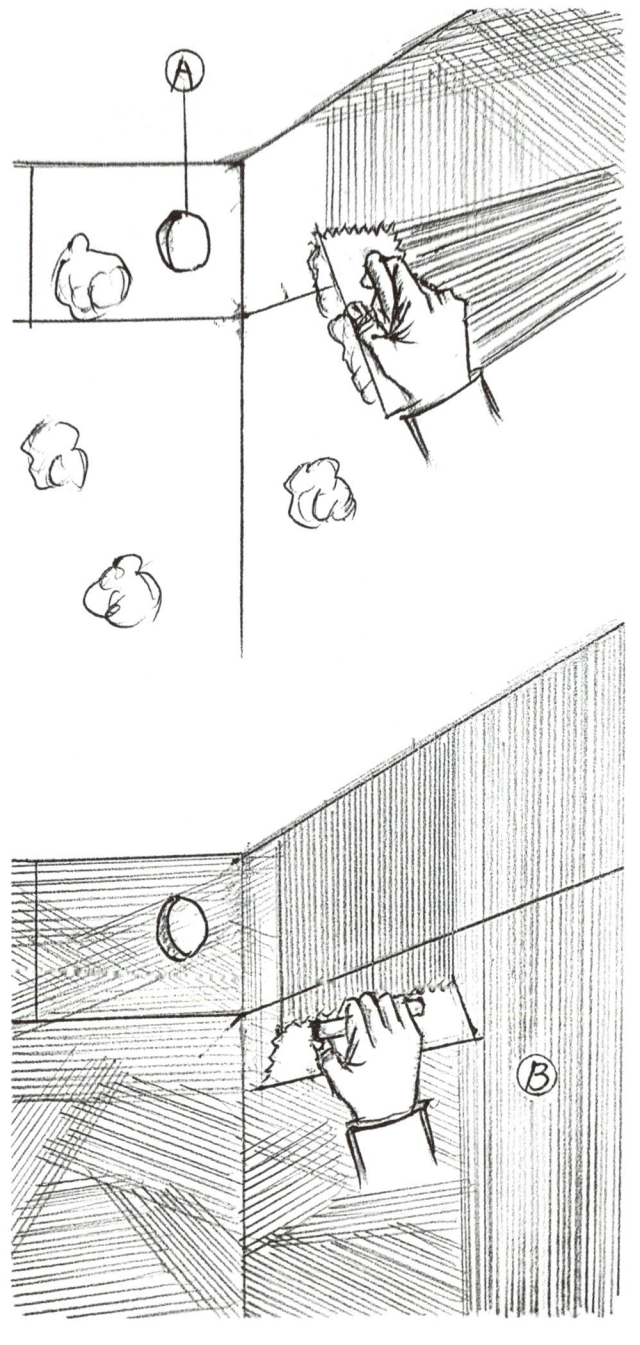

「타일 본드 바르기」
- 주방 타일 시공 시에는
  타일의 낭비를 줄이기 위해
  주방 가구의 설치 부분은 시공 제외.

[핵심]
① 100 × 300 사이즈의
  가벼운 도기질 쪽타일이고,
  시공면은 면이 반듯한
  방수석고 보드 면이기 때문에
  보통 3~5mm 정도의
  가는 톱날 고대 사용.

② 본드를 시공면에 군데군데 떠 바르고
  톱날 고대를 30~45도로 기울여
  잡아끌면서 본드 시공.
  (톱날이 면에 닿아야 함)

TIP
① 벽면에 떠놓은 본드의 양이 충분해야
톱날 고대질이 끊어지지 않는
예쁜선을 만들 수 있다.

② 톱날 고대에 묻는 본드는 수시로 닦아낼 것.

③ 톱날 고대로 마지막엔 크게 그어 내릴 것.ⓑ

Ⓐ 배연구
① 천장(반자)위로 이동 또는,
② 막음 → 탄소형 후드 사용 시 또는,
③ 존치.(상부장 설치 시)

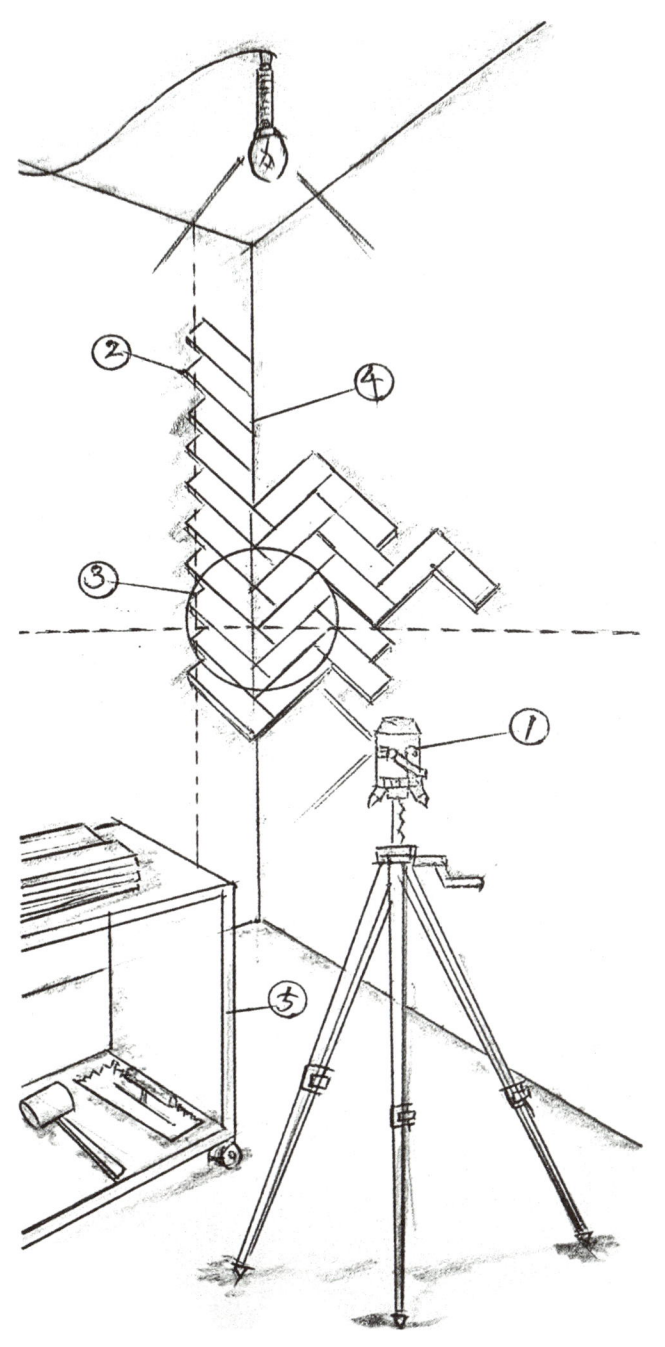

「기준장 시공」
– 헤링본 시공은 기준 장 시공이 중요하다.

[핵심]
① 레이저 레벨기로 수직·수평 기준선을 맞추고,

② 일정 사이즈로 45도 커팅 후 한 줄로 붙인다.
(여기에서 모든 기준이 시작됨.)

③ 그림처럼 내각 코너는 남은 커팅 조각을 계속 이어서 '온장'처럼 보이도록 시공.

TIP
④와 같은 내각 코너면들은 타일과 메지 시공 완료 후 항균 실리콘으로 마감해 주어야 메지가 깨지지 않는다.

⑤ 그림과 유사한 형태의 이동식 작업대를 가지고 다니면 작업 시 훨씬 효율적이다.

주방 벽 타일 시공

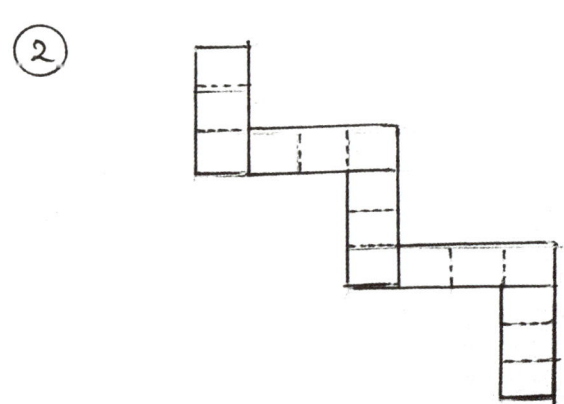

「타일 붙이기」

[핵심]
① 그림처럼 양손에 쥐고
   타일을 붙여 나간다.
   (일단은 온장 위주로 시공)

② 헤링본은 방향을 조금 회전 시켜보면
   얼핏 다르게 보이지만
   실은 같은 문양이다.

TIP
이처럼 작고 가벼운 타일을 붙일 때에는
제일 작은 망치를 쓰기도 하지만,
아예 고무망치를 쓰지 않고
엄지와 검지로 적당히 두들겨서
압착이 되도록 만들기도 한다.

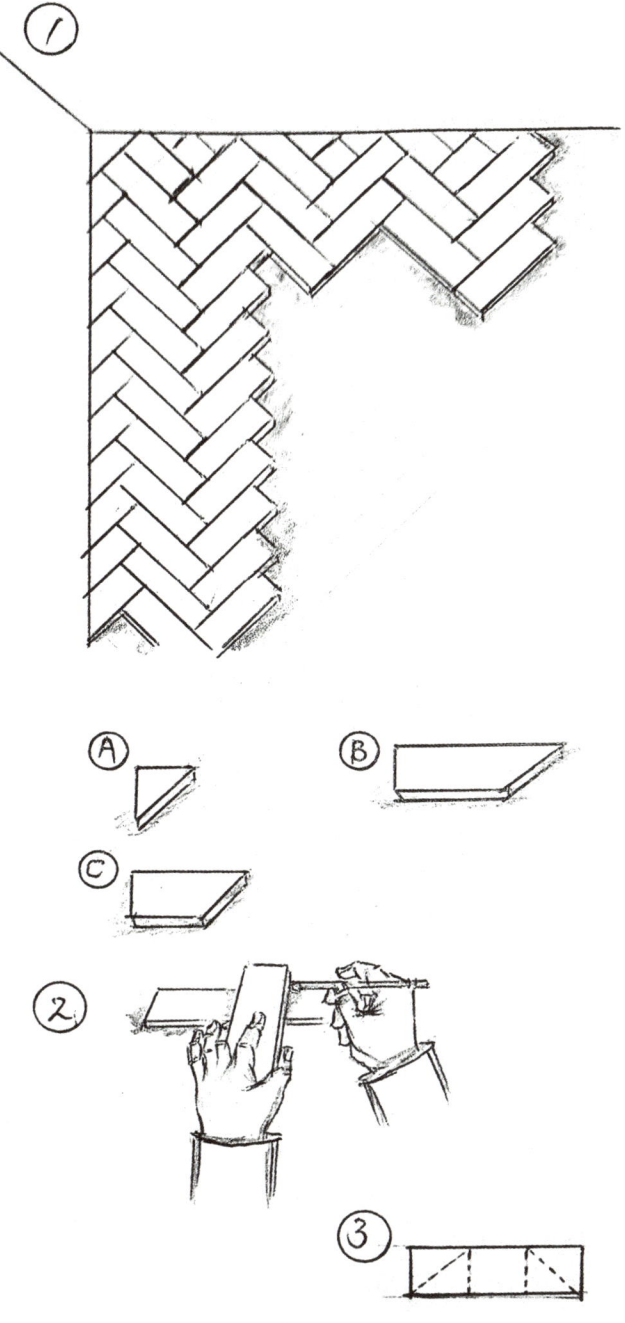

「타일의 재단과 커팅 ❶」

[핵심]
① 헤링본의 기본 커팅은 45도 커팅이다.
  정 치수 일 경우에는 Ⓐ, Ⓑ, Ⓒ와 같은
  조각으로 커팅된다.
  보통은 ③과 같이 직선으로
  3등분 선을 긋고 원하는 방향대로
  사선(45도)으로 커팅한다.

② 일반적인 경우에는 ②그림처럼
  다른 온장 타일을 대고 선을 긋지만
  (이렇게하면 타일의 폭으로 3등분을
  쉽게 할 수 있음) T자를 쓰기도 한다.

- 타일 커팅 시에 직선은 커팅기 이용,
  사선은 그라인더를 이용해서
  커팅하는 것이 편하다.
  (삼각형 모서리의 파손 주의)

실전 시공 훈련

주방 벽 타일 시공

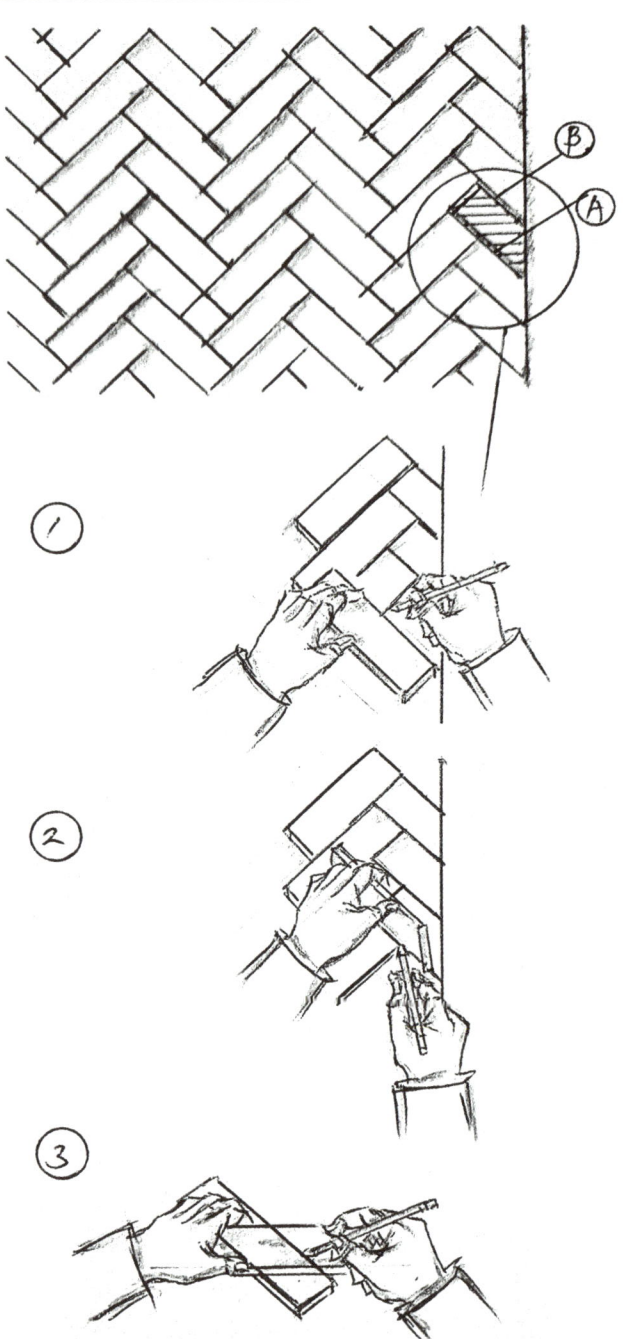

「타일의 재단과 커팅 ❷」
- 기타 사이즈의 커팅.

[핵심]
① 기타 사이즈의 재단과 커팅은
   ①그림처럼 타일을 잡고
   Ⓐ선의 치수를 표시한다.
   (메지 간격 고려)

② 타일을 그대로 위로 올려서
   Ⓑ의 길이를 표시한다.

③ 두 표시 지점을 사선으로 연결.
   - 그라인더로 커팅.

이 방식을 이해하면
거의 대다수의 기타 사이즈 조각들을
무리 없이(응용) 커팅할 수 있다.

주의
시공 면의 코너가 일정하지 않을 경우에는
각각의 조각마다 사이즈가 다를 수 있다.

「창틀 주위 마감」

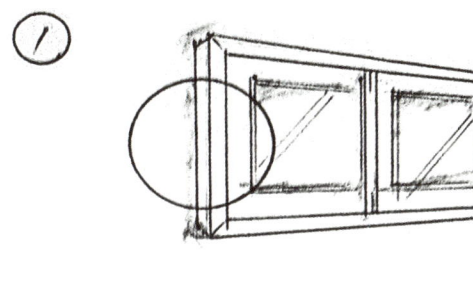

창틀 주위가 ①처럼 적당히
그리고 균일하게
벽에서 튀어나와 있는 경우에는
타일 마감이 쉽지만
②또는, ③처럼 튀어나온 면이
균일하지 않거나 아예 벽과 단차가 없이
평면인 경우가 문제가 되는데….

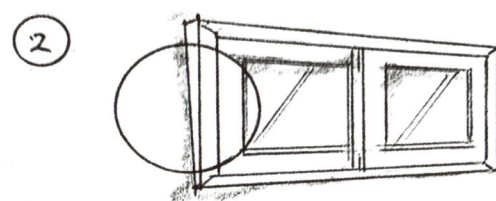

[핵심]
이런 경우에는 ④처럼
먼저 창틀 주위에
코너비드를 시공하고 난 후
타일 시공을 하면 좀더 높은 퀄리티의
시공을 할 수 있다.

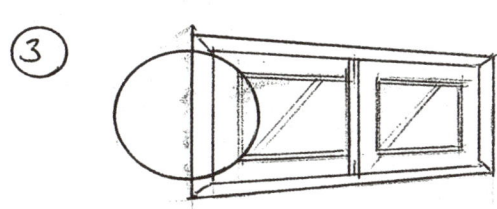

TIP
이런 방식은 유까나 트렌치 주위 마감에도
응용된다.

주의
반드시 코너비드를 '먼저' 시공 후 타일을 붙임.
(나중에는 넣기 어려움)

실전 시공 훈련

주방 벽 타일 시공

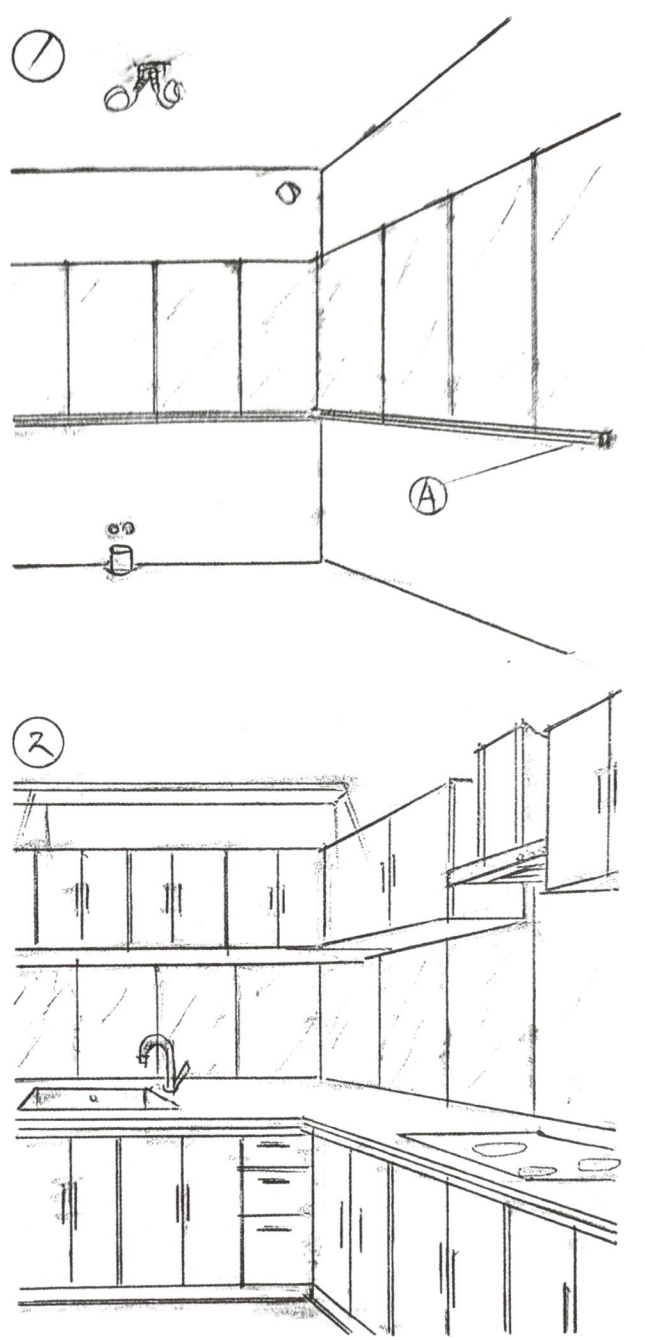

「600×1200 대형 타일 시공」

대다수의 소비자는
타일 줄눈을 좋아하지 않는다.(오염 때문)
그래서 이런 대형 타일류를 시공해서
가로로 생기는 줄눈이라도
없애기를 희망한다.

대형 타일은
대부분 포세린 계열이기 때문에 무겁다.
그래서 이 경우의 시공법은
'본드 시공'과 '떠붙임 시공'은 불가하고
드라이 픽스 시공과
에폭시 시공이 가능한데,
그 중 에폭시 시공을 주로 한다.

그리고, ①에서 보듯
타일이 공중에서 시작되어야 하는 경우는
Ⓐ처럼 다루끼(3×3 각재)를
해당 높이에 미리 고정
(칼블럭 또는 대타카 시공)후
시공하면 편하다.

현관 바닥 타일 시공

육각 타일 / 면치 시공 / 압착 시멘트

현관 바닥 타일 시공

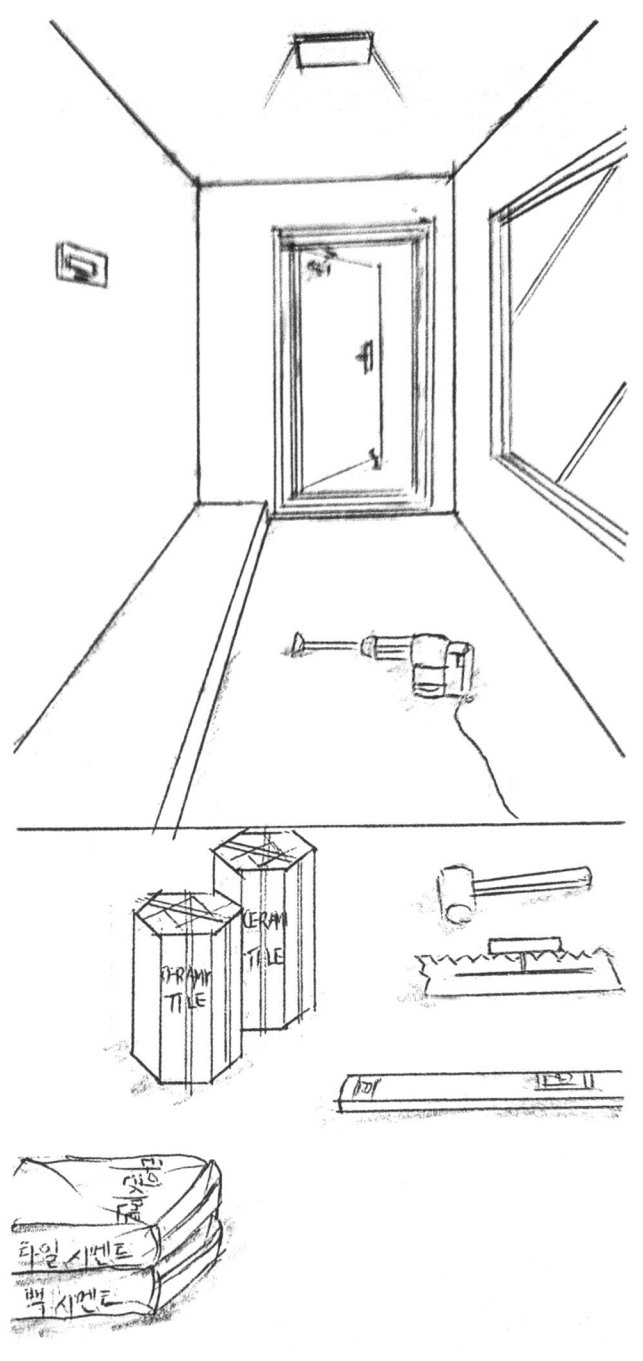

준비

〈 자재·부자재 〉
- 육각 타일 2 box.
- 압착 시멘트 1포.
- 백 시멘트 1포.
- 칼라 멘트.

〈 공구 〉
- 톱날 고대.
- 냉가 고대.
- 고무 망치.
- 헤라.
- 커팅기.
- 그라인더.
- 수평대.
- 스페이스.
- 줄자, 싸인펜.

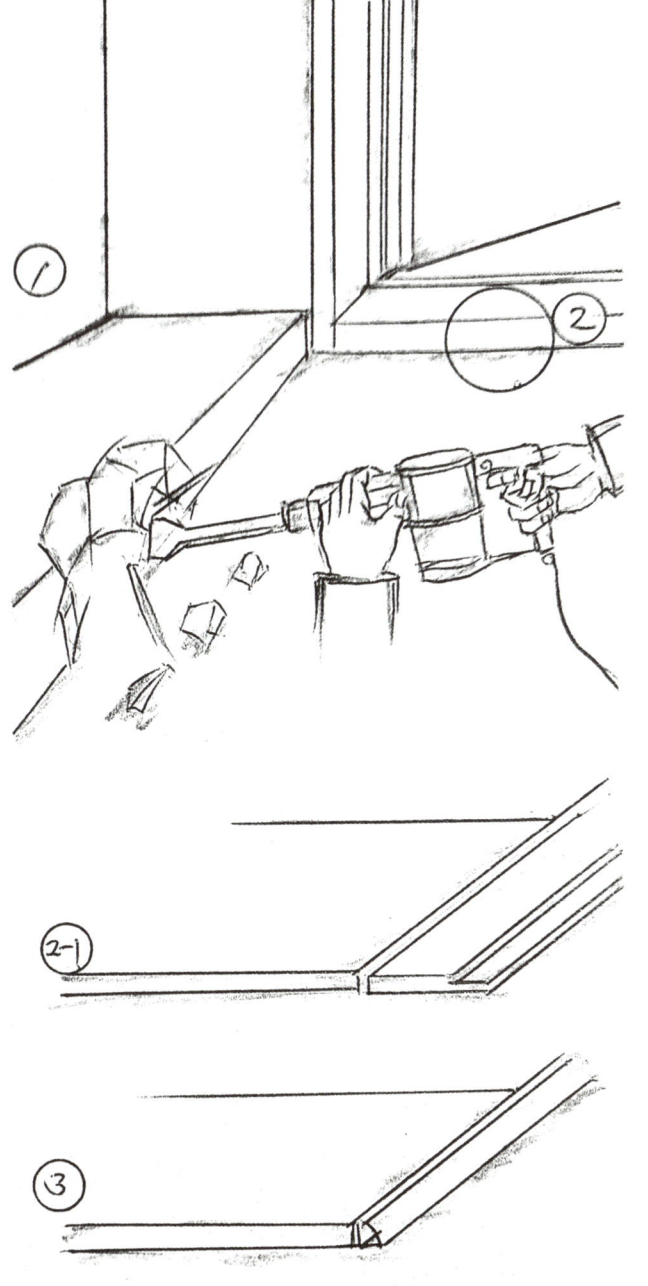

「기초 작업 – 시공면의 높이」

[핵심]
① 현관에 턱(단높임)이 있는 경우는
  대개 철거하는 것이 일반적이다.
  (브레이커 사용)

② 현관 문의 턱(하부 틀)은
  보통은 현관 바닥 보다는 높아서
  타일 마감이 쉽지만
  경우에 따라서는 (2-1)처럼
  바닥면의 높이가 현관 턱보다
  높은 경우가 있다.
  이런 경우에는 바닥을 일부 높이 만큼
  브레이커(현장에서는 38쁘레카라고
  부름)로 철거한다.

③ 그 또한 불가능 할 경우에는
  그림과 같은 라운드 타일 마감비드를
  대기도 한다.

현관 바닥 타일 시공

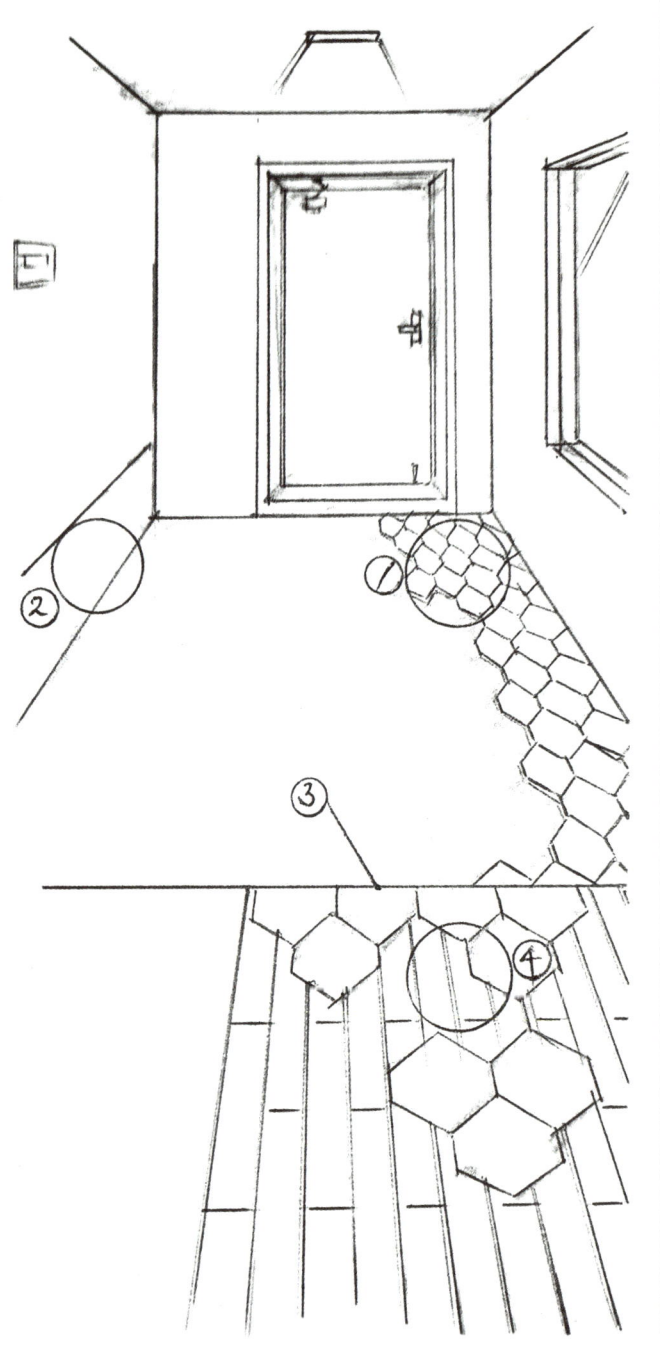

「타일 계획」

① 타일은 항상 가장 잘 보이는 면이 온장 출발이 되고, 기준 장이 된다.

② 의 부분은 신발장이 들어서는 뒷면인데, 만일 신발장이 하부 띄움형일 경우에는 이 부분까지 타일을 시공한다.

③ 현관 턱은 코너비드 마감을 하기도 하지만(하자 발생 위험이 많음) 고급 시공은 '면치 시공'을 하는 것이다. (후술)

④ 헥사곤(육각) 타일은 종종 타일 VS 타일, 타일 VS 강마루의 연결 부위를 직선 경계로 나누지 않고 그림처럼 자연스럽게 겹쳐지도록 시공하는 경우가 많다.

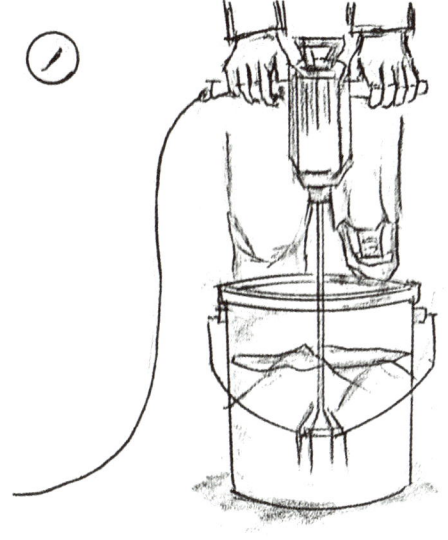

「압착 시멘트 반죽 및 펴 바르기」

[핵심]
① 물을 넣은 통에 압착 시멘트를 넣고 믹스한다.

② 반죽된 압착 시멘트를 시공하는 지점에서 손이 닿는 부분까지 또는 한번에 쭉 붙여 나갈 수 있는 면적만큼 펴바른다.

TIP
빠른 양생이 필요한 경우에는
백시멘트를 일부 섞는다.
(단, 벽체 시공시에는 혼합 금지)

Ⓐ 타일 시공 시에는
'타일'을 미리 포장을 벗겨서
쌓아놓는 것이 좋다.

주의
접착제(압착) 도포 전에는 반드시
시공 면에 접착제가 붙을 수 있는 환경인지
검토가 필요하다.
(ex. 시공면의 마감 재질, 먼지 등등)

실전 시공 훈련

현관 바닥 타일 시공

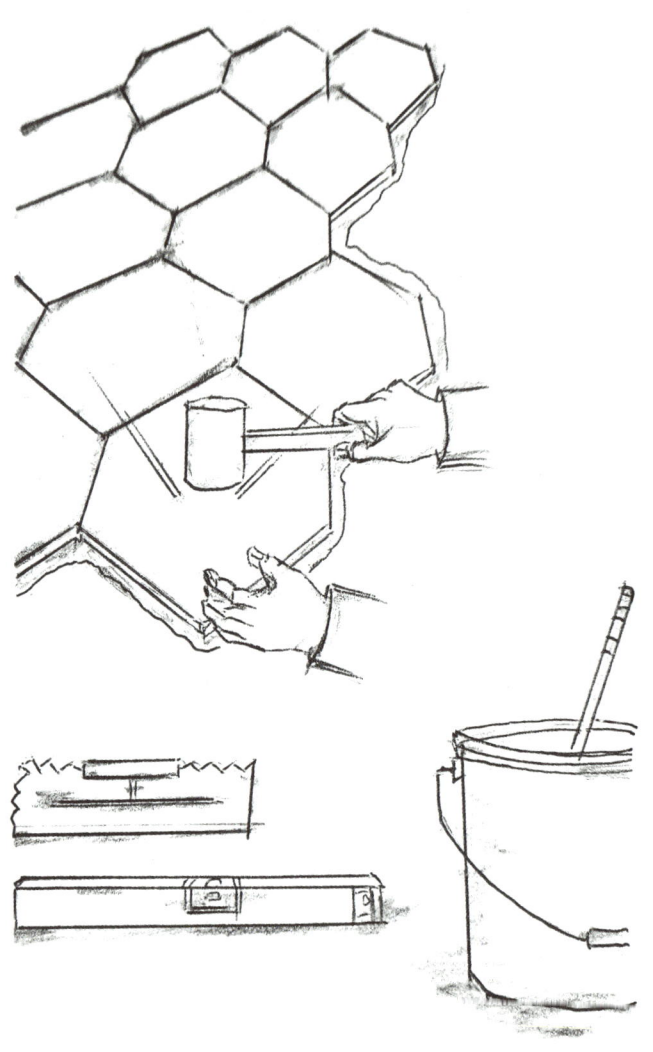

「타일 붙이기」

[핵심]
수평자로 타일의 좌우 수평을 보면서
한장씩(또는 한번에 여러장씩)
붙여 나간다.

주의
① 이때 메지 간격이 일정하지 않으면
쭉 붙여 나가면서 타일이 한쪽으로 몰리거나
타일 사이의 메지 간격이 점점 벌어지게 된다.
(항시 점검)

② 바닥 타일은 강한 하중을
견뎌야 하기 때문에 시공 시에 망치질
(고무 망치 중 또는 대 사이즈로)을
다소 강하게 해서
바닥면에 완전 압착 시켜야 한다.

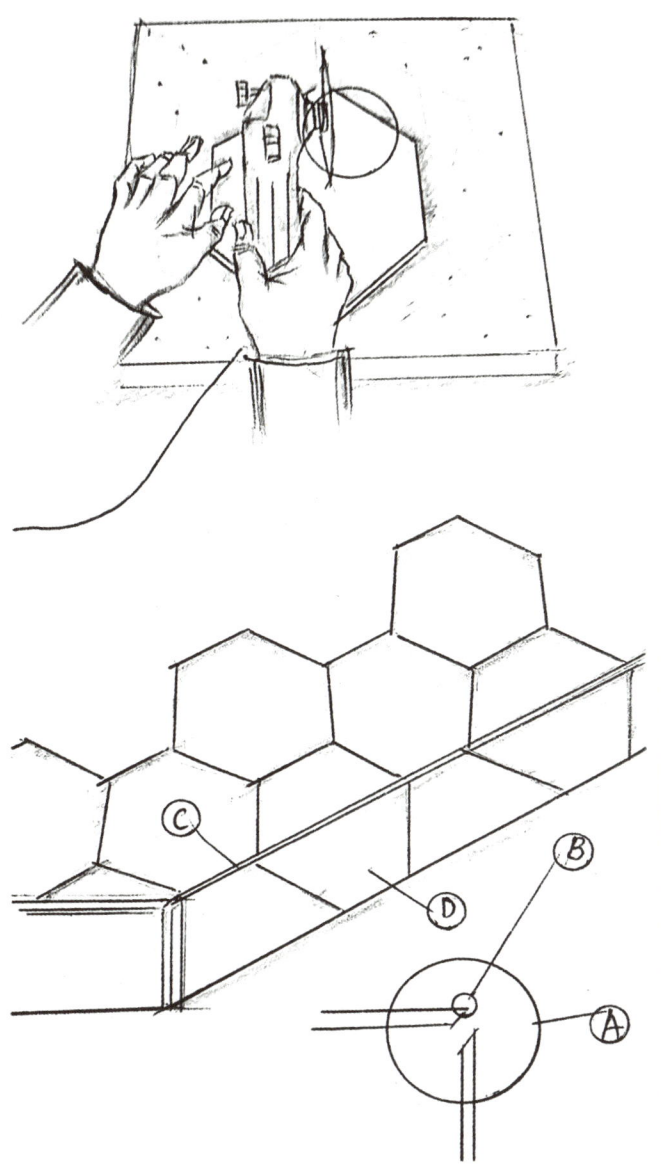

「면치 시공」
- 고난이도 시공.

면치 시공은
타일 마감 비드를 대지 않고
타일을 각기 사선으로 옆면을 커팅해서
Ⓐ처럼 연결시켜
옆면이 보이지 않게 하는 시공이다.
그라인더로 정교하게
사선 커팅을 해야 하기 때문에
어려운 기술이다.

TIP
Ⓑ부분을 종잇장처럼 얇은 부분으로 만들면서
사선커팅해 들어가려고 하지 말고
1mm 정도의 두께는 놔두고
사선 커팅하면 편하다.

주의
두 타일의 사선 커팅된 면이
만나는 지점 Ⓒ부분에는
압착 시멘트를 반드시 넣어주어야
파손이 방지된다.
Ⓓ의 (옆면) 타일 시공 시에는
백시멘트가 혼합된 반죽(접착제)을
가급적 쓰지 않는다.

현관 바닥 타일 시공

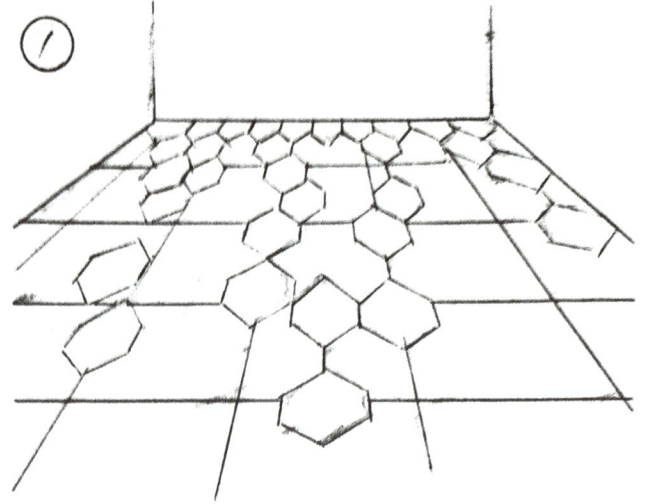

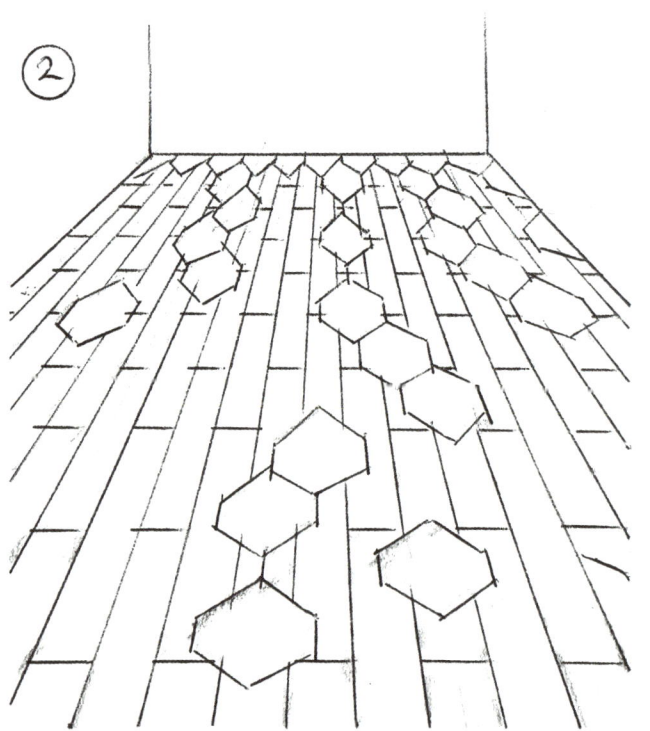

「타일 VS 타일, 타일 VS 강마루」

① 육각 타일과 사각 타일의 만남.

주의
'단차', '메지 간격'.

② 타일 VS 강마루의 만남
 - 보통은 기존의 강마루를 타일 모양대로 정교하게 그라인더로 커팅하고 타일을 시공하는 경우가 많다.

주의
'단차', '메지 간격'.

- 마루와 타일 동시 시공 추천.
- 두 시공 모두 일반 시공은 아니니 그냥 참고 정도만한다.

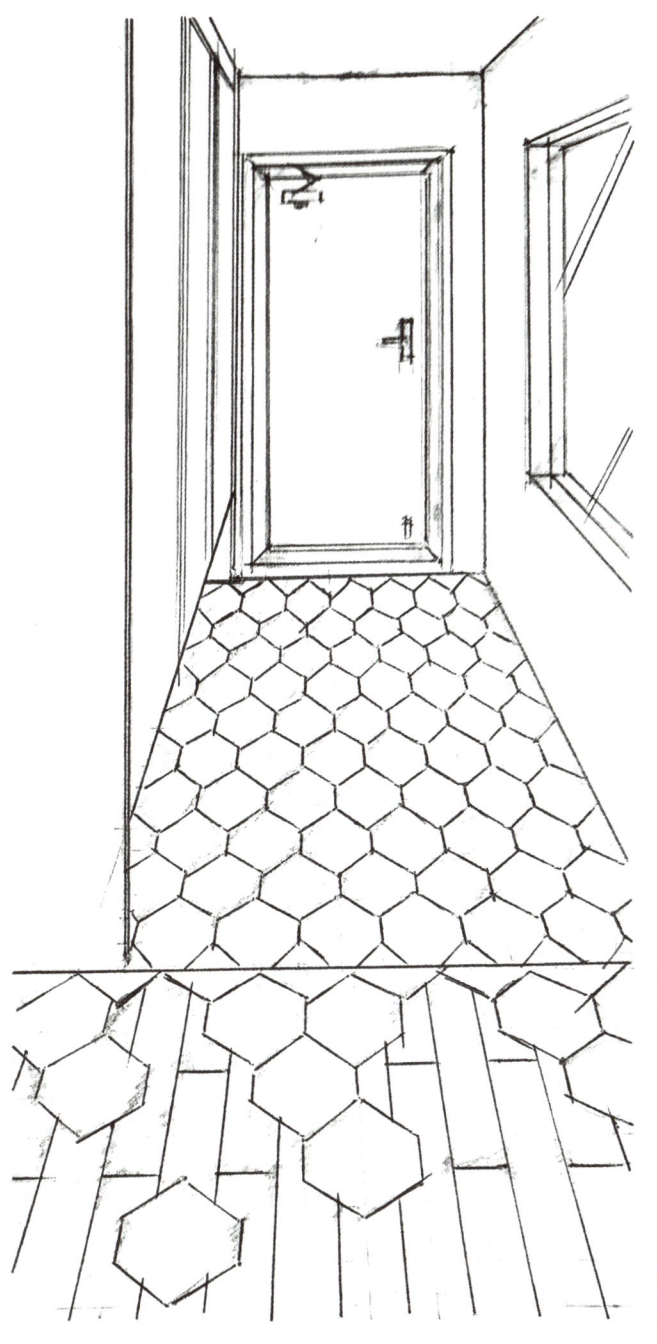

「타일 닦기 및 정리」

시공 중에 수시로 닦고
정리하는 것이 편하다.

「잘된 시공이란」

단차가 거의 없고 줄눈 간격이 동일하며
타일 조각의 시공이 별로 없고,
전체적인 문양 및 다자인이 맞는 시공.

시공 면에 타일이
완전 압착되어야 함은 기본.

실전 시공 훈련

현관 바닥 타일 시공

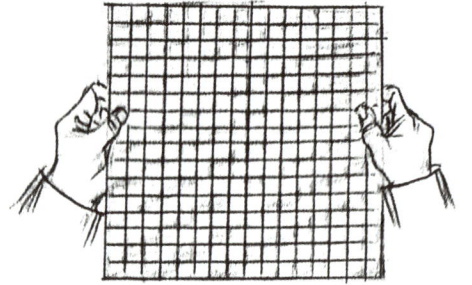

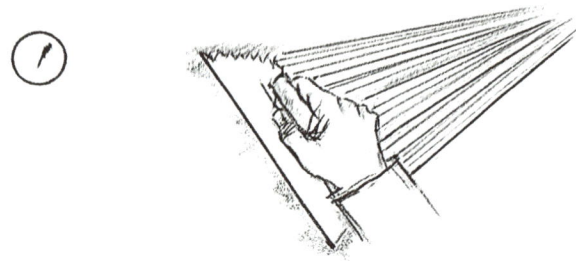

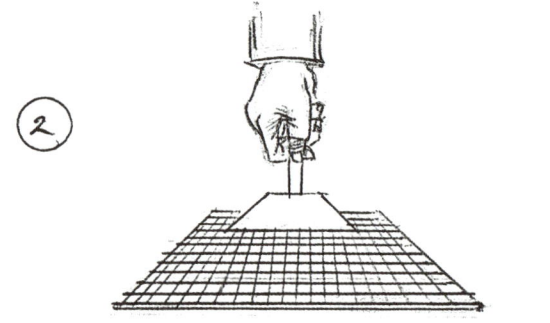

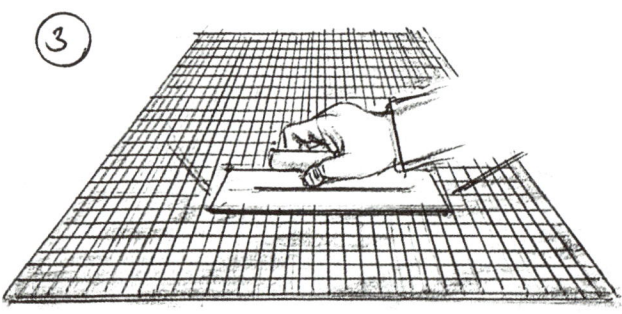

참고

「모자이크 타일 시공」
- 현관 타일은 양이 많지 않아서 고가의 자기질 모자이크 타일로 시공하는 경우가 많다.

주의

이때 주의할 점은,

① 접착제를 최대한 얇게 바를 것.

② PVC 헤라 등으로 메지 간격을 항상 맞출 것.

③ 작은 타일 알갱이들 끼리 단차가 생기지 않게 고대같은 기구로 (넓은 면으로) 가볍게 눌러주기 (두드리기)등이다.

TIP

모자이크 타일 시공 시에는
작은 알갱이들을 일부 떼어내서
붙이는 방법으로
글자 또는 문양을 만들기도 한다.

발코니 바닥 타일 시공

시다지 시공 / 쪽타일 / 백시멘트(노릿물 시공) / 창하 시공(코너비드 마감)

실전 시공 훈련

발코니 바닥 타일 시공

준비

〈 자재·부자재 〉
- 115×450 사이즈 쪽타일.(3평)
- 백시멘트 1포.
- 타일 마감 비드(8mm) 2개.
- 몰탈 8포.
- 칼라 멘트 2봉.
- 벽돌 6장.
- 압착 시멘트 1포.(창하 시공용)

〈 공구 〉
- 타일 커팅기.
- 물 조리개.
- 그라인더 + 타일날 + 금속날.
- 자나무.
- 수평대.
- 쿠사비.
- 기고대.
- 냉가고대.
- 톱날 고대.
- 고무 망치.
- 바가지.

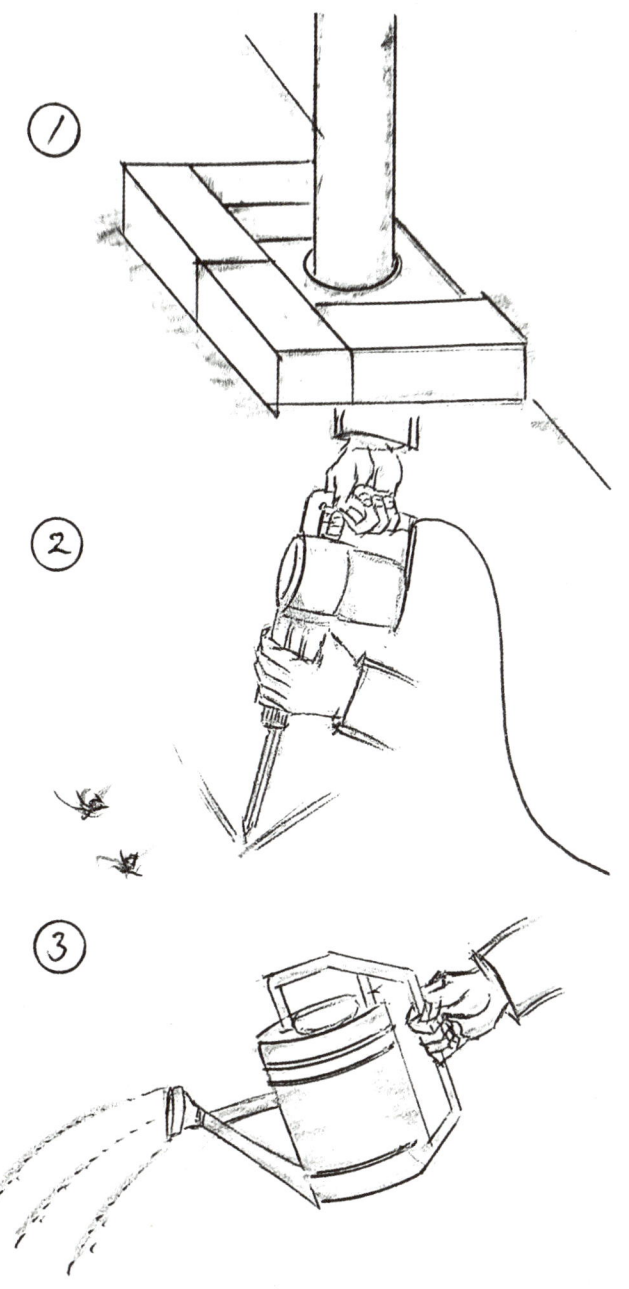

「기초 작업」
– 청소는 기본

[핵심]
① 우수관 주위는 몰탈이 들어가지 않게
　벽돌로 감싸고,

② 불가피하게 타일면,
　그것도 미끄러운 타일면에
　시다지 시공을 하는 경우에는
　브레이커로 군데군데 상처를 내준다.

③ 시공 바닥에 물을 축여준다.
　(특히, 시멘 바닥의 경우)

TIP
시공 면에 시다지가 잘 붙게 하기 위해
몰탈 접착 강화제를 바르기도 하는데
'시다지'는 '미장'이 아니므로 비추천.

실전 시공 훈련

발코니 바닥 타일 시공

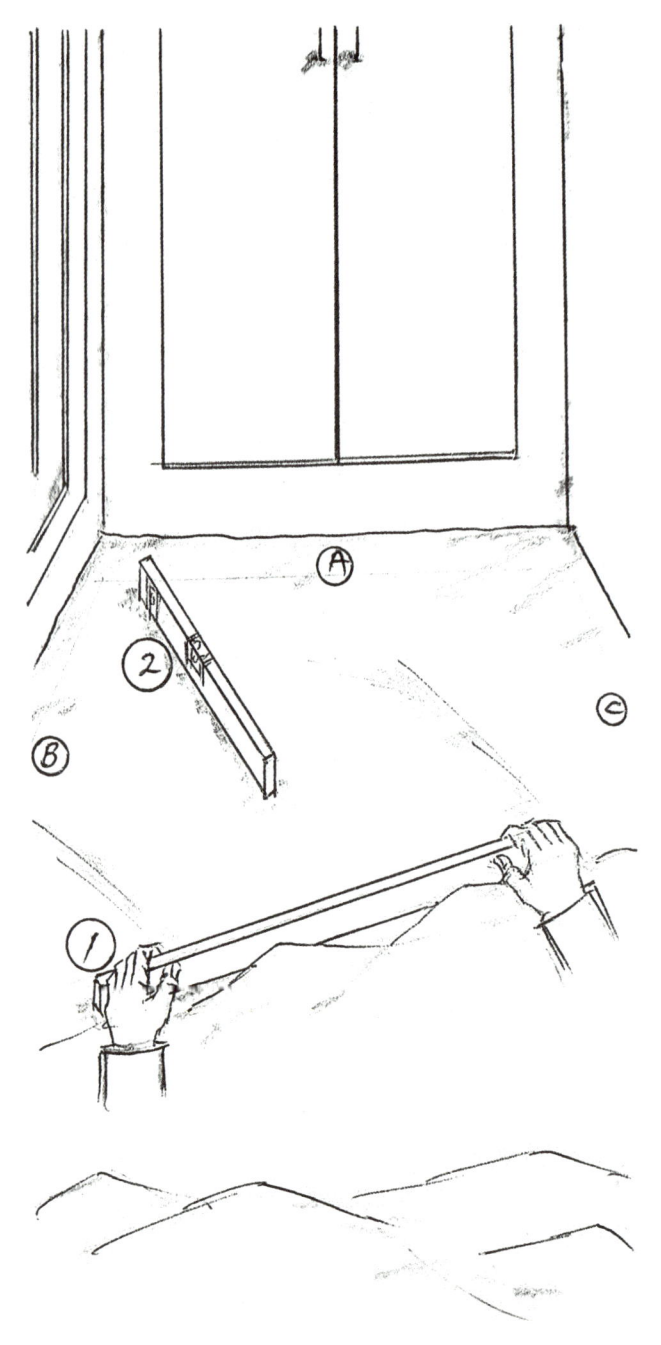

「시다지」
- 시다지 작업은 '주거미 작업'이라고도 부른다.

[핵심]
① **사모래(또는 몰탈)을 시공 면에 붓고 원하는 높이만큼 채우며 자나무로 대충 긁어낸다.**

TIP
이때, 대략적인 물구배를 잡기 위해,
(우수관 쪽으로)

② **지속적으로 수평대를 활용한다.**
- 지금 이 단계에서 물 구배를 잘 잡아두면 시공이 편해지고 시공 기간이 절약 된다.

주의
① 마스크 착용 후 작업
② 물매를 너무 심하게 잡으면 벽체들이 기울어져 보이기 때문에 가장 자리들 (Ⓐ, Ⓑ, Ⓒ)은 가급적 수평을 유지해 준다.

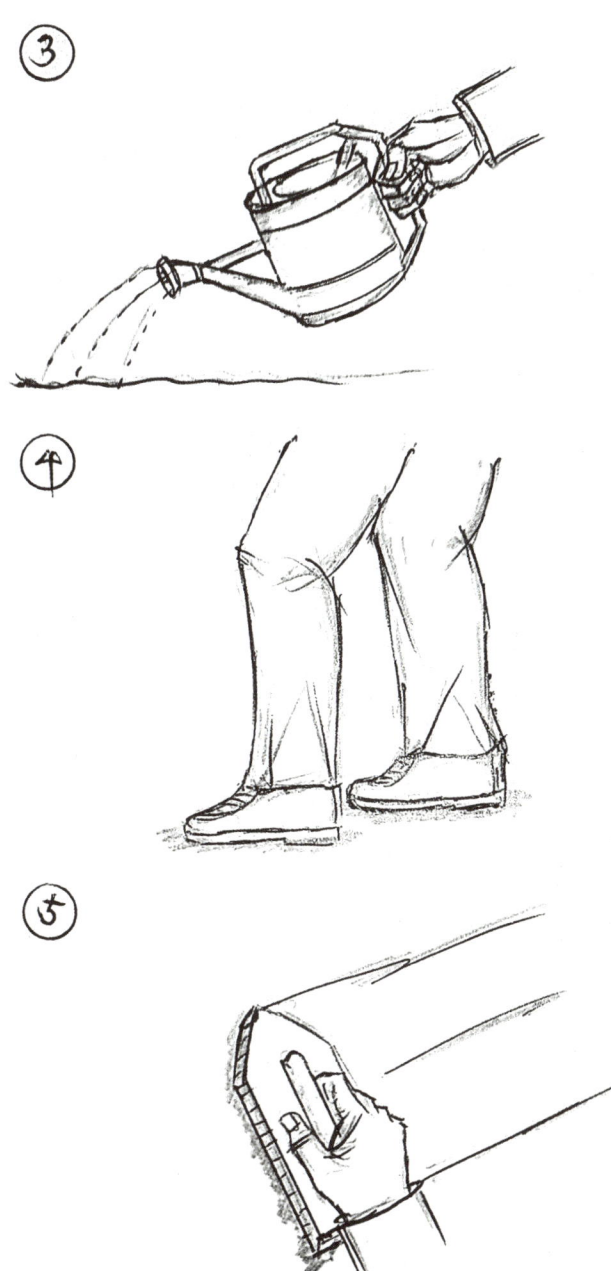

「시다지」

사모래(또는 몰탈)이 물구배 대로
대충 펼쳐지면,

[핵심]
③ 물 조리개로
촉촉(고슬고슬)할 정도로 물을 주고
잠시 후 바닥이 물을 빨아들이면,

④ 발로 바닥을 골고루 밟아준다.

⑤ 위 ③과 ④과정을 두번 정도 반복
(시다지가 두꺼울 때는 3~4회)하고 나서
기고대(PVC 재질)로
구석구석 면을 다듬어 나간다.

주의

물을 뿌릴 때는 조금씩 ~
절대 바닥에 물이 질퍽거리거나
몰탈 반죽이 신발에 묻어서 일어날 정도로
물을 주면 안된다.

발코니 바닥 타일 시공

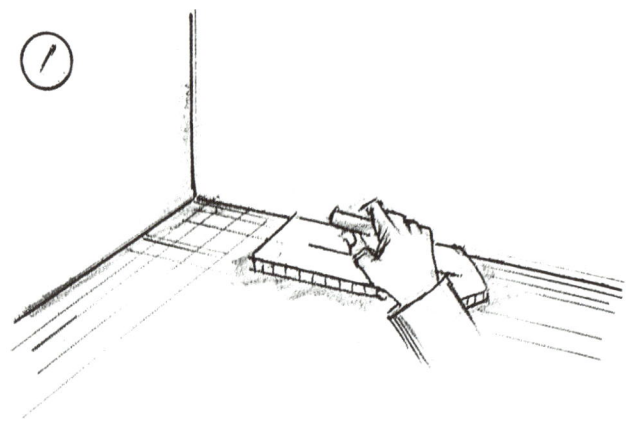

①

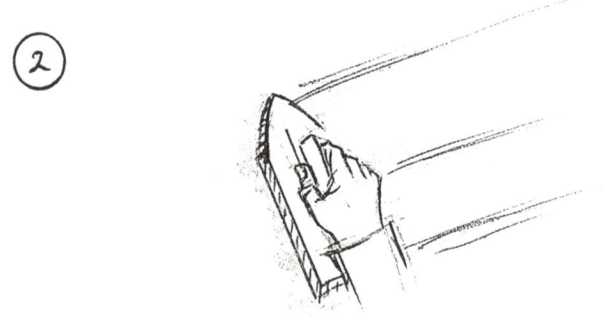

②

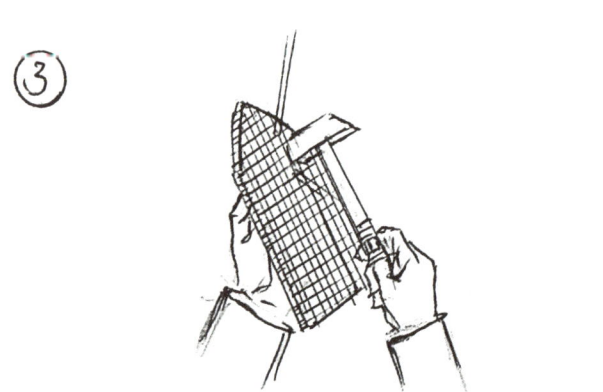

③

「기고대의 사용」

[핵심]
① 기고대는 모서리 부분을
   세로 방향으로 먼저 밀어 주면서
   각 사면의 수평을 먼저 잡는다.
– 기고대의 가장 큰 역할.

② 나머지 면도 긁으면서 평탄하게 만든다.

③ 기고대 뒷면에 있는
   홈에 채워지는 몰탈은
   망치로 자주 털어내 준다.

TIP
②에서 기고대를 원 모양으로 돌리면서 밀면 좀 더 쉬워진다.

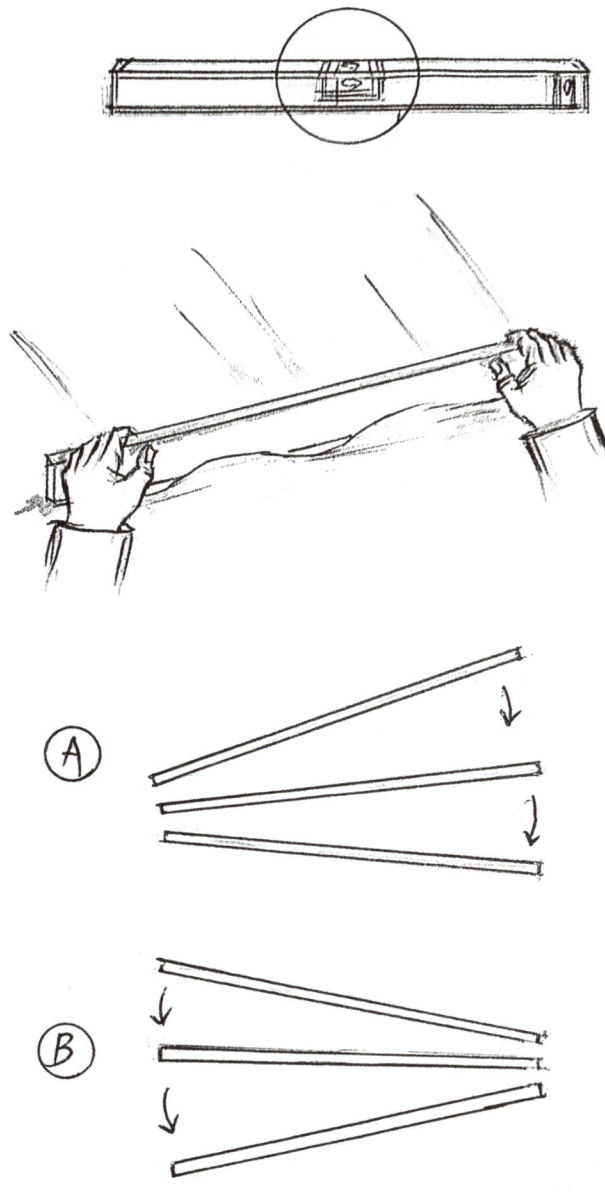

「자나무」

기고대와 더불어
수평(물매 포함)이 안 맞거나
바닥이 매끄럽지 않은 시공 면은
자나무를 이용해서 긁어내는데,
주로 넓은 면을 긁는다.

Ⓐ처럼 왼손 고정 후 오른손 쪽을 당기거나
Ⓑ처럼 반대로도 당기면서 긁는다.
 - 남은 몰탈은 걷어내고
    부족한 부분은 다시 채워 넣으면서 시공.

표면에 몰탈 가루가 너무 많으면
다시 한번 가볍게 물을 준다.

주의
절대 질퍽해지면 안됨.

발코니 바닥 타일 시공

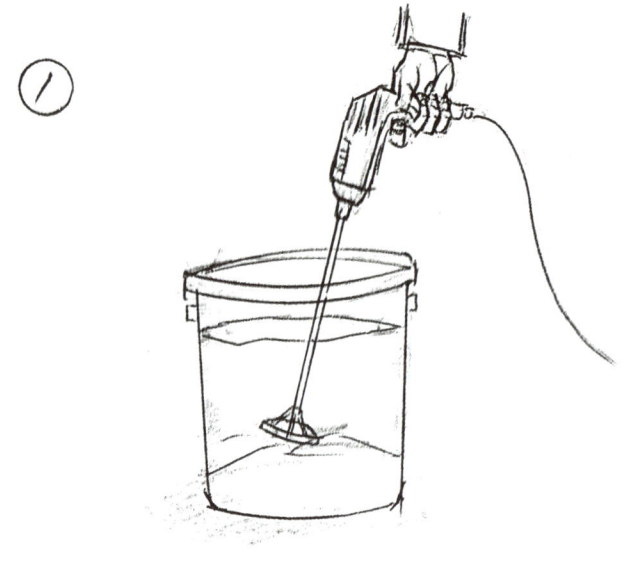

①

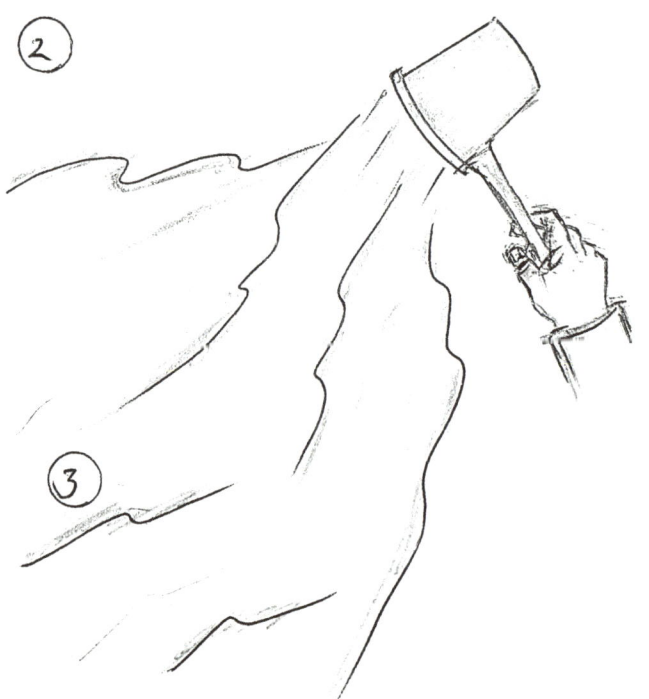

②

③

「노릿 물」

시다지가 물구배까지 완벽하게 잡히면 이제 노릿 물로 타일을 시공한다.

[핵심]
① 빈 통에 물을 (많이)붓고 백시멘트를 조금 넣어서 저어준다.

TIP
이때 농도가 연하기 때문에
일반 믹서기를 사용하면 주변으로 튈 수 있으니
(교반용)소형 믹서 드릴을 사용하는 것이 좋다.
(페인트 교반용)
– 농도는 진한 막걸리 점도 이상.

② 작은 바가지로 떠서
　 옆으로 촤~악 뿌린다.
　 (얇게. 단, 튀지않게)

③ 이처럼 퍼진 노릿물은
　 시간이 조금 지나면
　 물기는 시다지 바닥면으로 스며들고
　 백시멘트의 축축한 반숙반
　 시다지 표면에 남는다.

주의
– 이래서 시다지 바닥의 물축임양이 중요.
– 백 시멘트가 양생되기 전에
서둘러서 타일 시공.

「타일 붙이기」

[핵심]

① 노릿물의 양생이 시작 될 때
   타일을 '여러장씩' 올려놓고
   망치로 치면서 붙여나간다.
   (고무 망치는 '중'사이즈)
  - 노릿물 시공에서는
    타일의 유동 현상이 거의 없기 때문에
    스페이스(쿠사비)는 안써도 된다.

② 노릿물 시공 시에는
   바로 시공한 타일을 밟으며
   시공 하기도 하지만,
   그림처럼 스펀지 조각을 준비해서
   밟고 다니며 시공하기도 한다.

주의

특히, 시다지+노릿물 시공 시에는
굽이 딱딱한 신발은 피하는 것이 좋다.
- 바닥이 파임.

발코니 바닥 타일 시공

「샤시 창틀 및 (창하) 시공」

[핵심]
① 창하 부분은 반드시 압착 시멘트나 드라이픽스로 시공하고 가급적 타일 본드로 시공하지 않는다.
(결로로 인한 하자 위험성)

② **접착제를 떠 붙임.**
 - 가로 시공도 하지만 세로 시공하는 경우가 더 많다.(아주 질게 반죽 후 시공)

③ **타일 마감 비드를 먼저 끼워넣고 시공하는 것이 좋다.**
 - 타일 마감 비드는 타일 두께에 따라 6mm, 8mm, 10mm 중 선택해서 사용한다.

주의

수직 가네도 잘 살펴야 한다.
(수직 기울기)

「타일 닦기 및 정리」

시공 중간 중간에 닦는 것이 더 낫다.
또는 스치로폼 밟고 닦기.

「잘된 시공이란」

① 우수관 쪽으로 물매가 잘 잡혀있고,

② 창하 타일이 기울어
   보이지 않게 시공되고,
   창하의 높이가 거의 수평처럼 보이며,

③ 시공 면과 벽체 사이의 간격이
   크게 벌어지지 않고 일정하며,

④ 단차가 없고, 메지 간격이
   균일한 시공이다.

TIP

또 다른 시다지 방법

시다지+노릿물 시공은 노릿물이라는 타일 접착제의 두께가 워낙 얇아서
타일의 단차를 잡기가 어렵다.
(실제로 시다지의 면상태에 따라 타일 퀄리티가 결정 됨.)

또, 한번 잘못 시공된 타일을 다시 떼어내면 바로 밑의 백 시멘트 뿐만 아니라
그 밑의 시다지 부분까지 따라 올라와서 시공 부위가 엉망이 된다.

그래서 이 방법 보다는… 시다지를 만들때 '면을 잡고', '물을 뿌리고', '밟아 주고'
이 과정을 더욱 여러번 반복해서 아예 땅땅한 바닥을 만들어 버린 후,

덧방 시공 시처럼 압착 시멘트 또는 압착 시멘트와
백 시멘트의 혼합 반죽으로 시공하는 것을 추천한다.

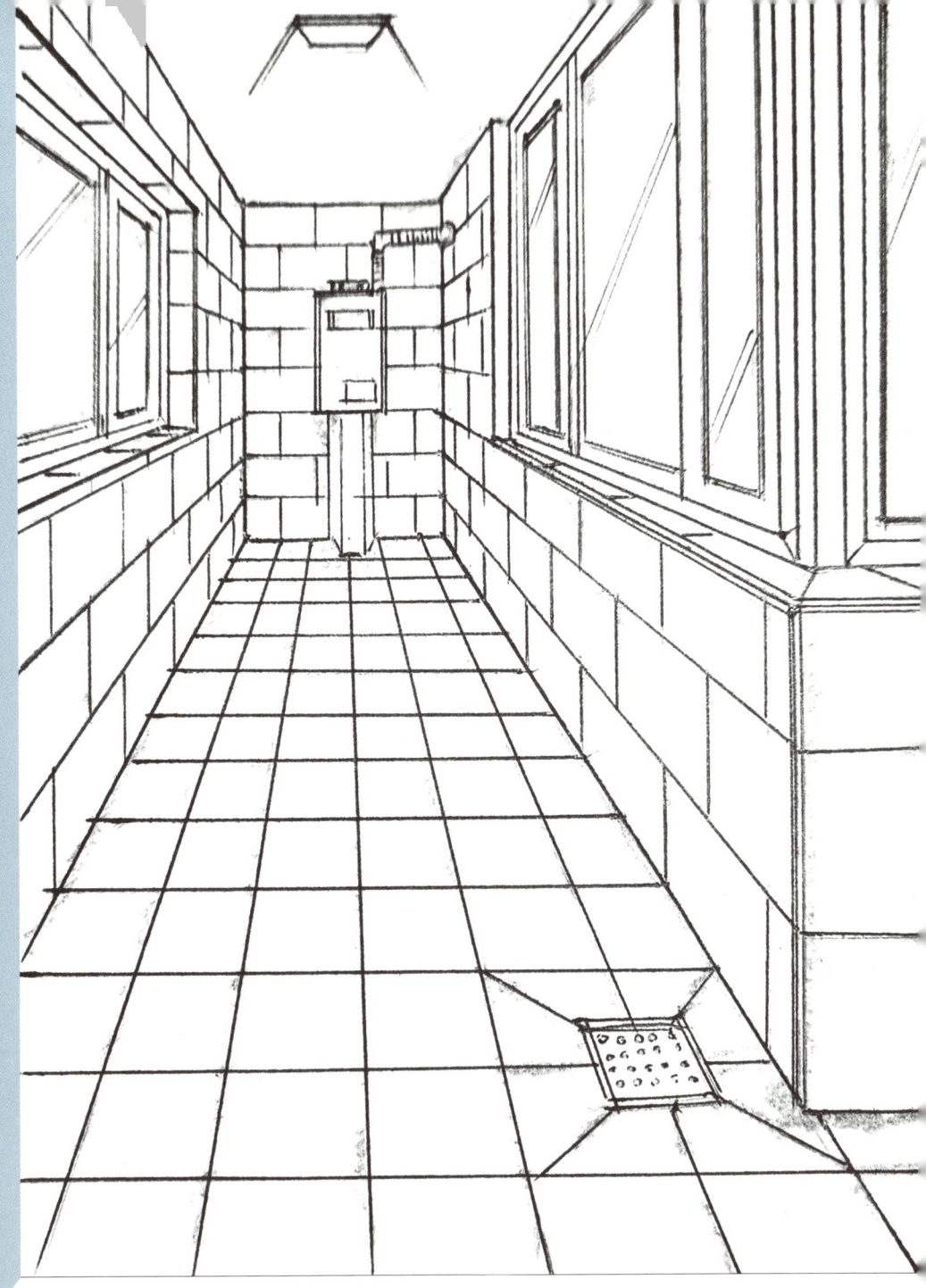

세탁실 타일 시공

세탁실 벽·바닥 시공 / 벽·압착 시멘트 시공 / 바닥 유까 / 타일 마감 비드

세탁실 타일 시공

준비

〈 자재·부자재 〉
- 벽타일(250 × 400 사이즈) 8평.
- 바닥 타일 200각 3평.
- 압착 시멘트 6포.
- 백 시멘트 2포.
- 칼라멘트 3봉.
- 타일 마감 비드 8mm 6개.
- 유까 1개.

〈 공구 〉
- 타일 커팅기.
- 믹서기.
- 그라인더.(타일 날·금속 날)
- 레이저 레벨기.
- 수평대.
- 냉가고대.
- 톱날 고대.
- 고무 망치.(중·대)

「타일 계획」
- 타일 시공전.

[핵심]

① 천장에서 온장이 시작되도록
  바닥 면에서 부터 타일 수량과
  메지 간격 계산.

② 벽타일 시작점, 바닥 타일 시작점.
  - 미리 바닥 타일을 놓아보는 것도 방법.
    벽타일 2장이 마주보는 각에(이웃)
    200각 바닥 타일 4장이 들어감.

③ 코너에는 타일 코너비드를 대고
  창틀 안쪽까지 시공.

④ 각 돌출 코너면마다
  코너마감 비드 사용계획.(8mm)

⑤ 유까 주변 물매 계획.

주의
전체 바닥의 경사도를 체크하고 물매 잡기
- 경사져 보이지 않도록 유의.

실전 시공 훈련

세탁실 타일 시공

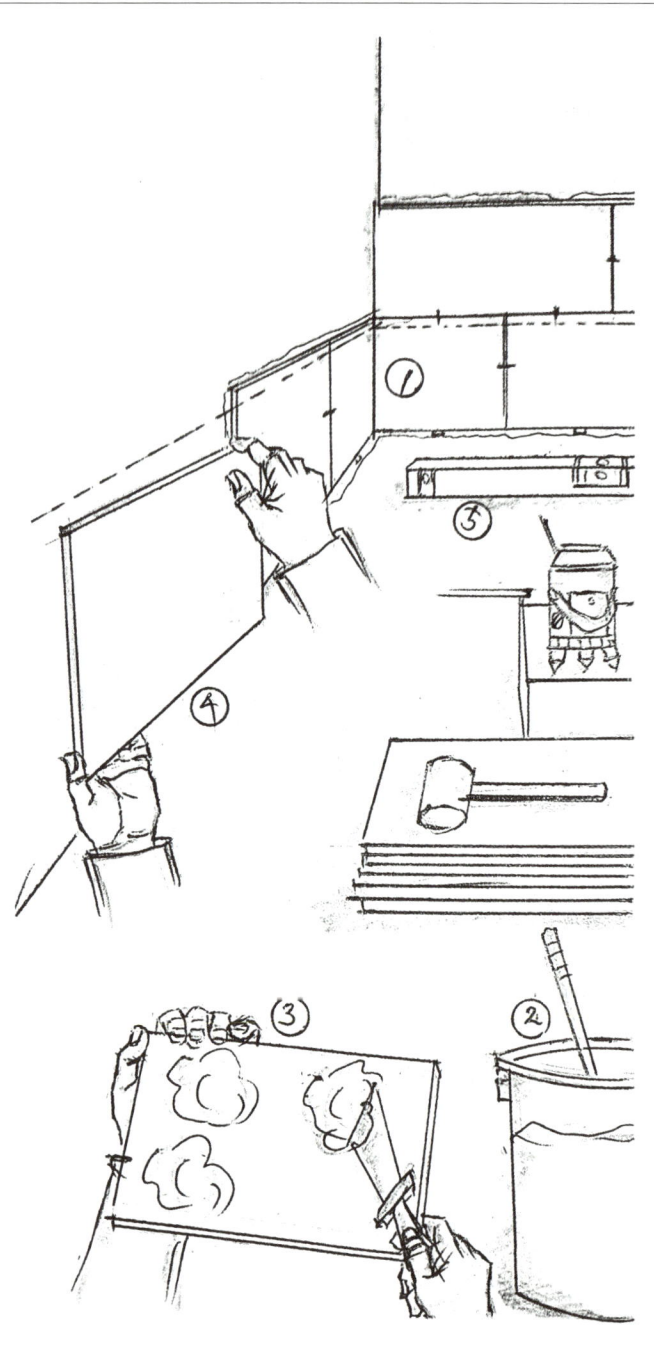

「벽타일 시공 - 압착 시멘트 시공」

[핵심]
① 압착 시멘트는 타일 본드 만큼의
   '순간 접착력'이 없기 때문에
   하단부부터 시공.
   (미리 타일 나누기로 사이즈 측정)

② 압착 시멘트를 물이 부어진 통에 넣고
   믹서기로 믹스.
   (농도는 생크림 정도로 묽게)

③ 반죽 된 압착 시멘트를
   타일 위에 떠 놓고,

④ 시공 면에 부착 후 고무 망치질.

⑤ 수평자로 가로, 세로 수평과
   기울기 계속 점검.

TIP
발코니와 세탁실 벽에는
타일 본드 시공을 잘 하지 않는데,
그 이유는 본드가 물에 약하기 때문이다.
그래서 '결로 현상'등을 대비하기 위해서
압착 시멘트 시공을 추천한다.

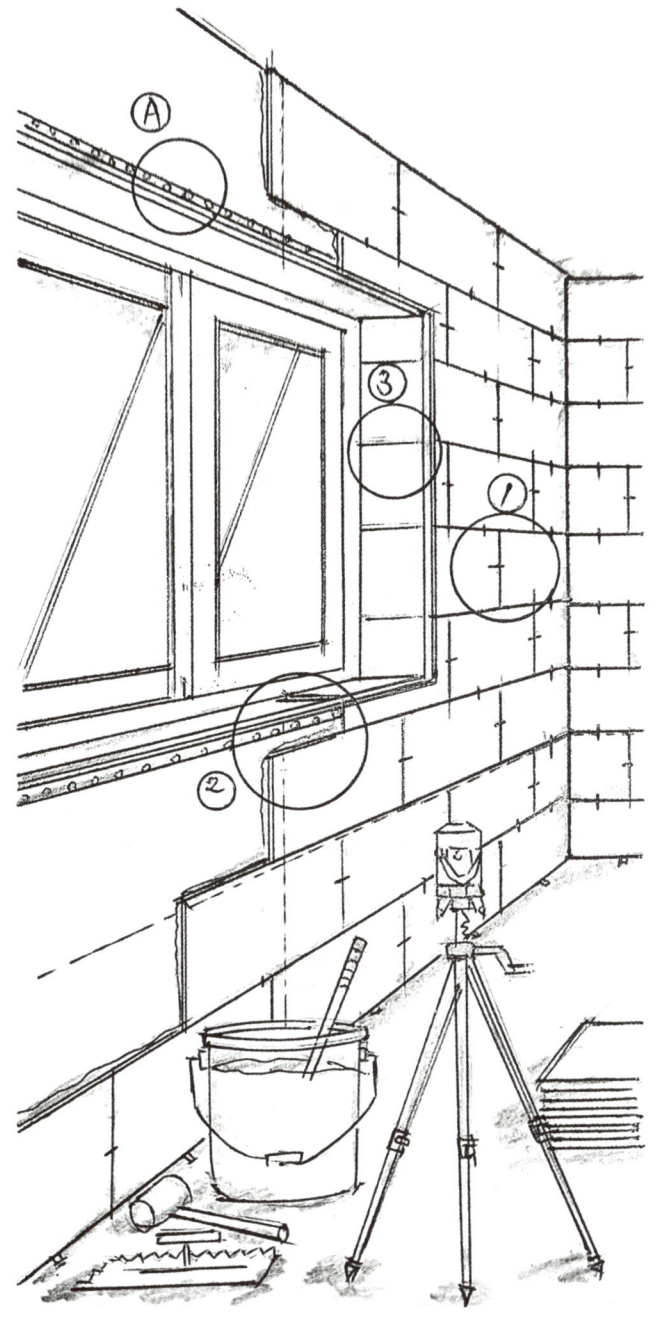

「타일 붙이기」

[핵심]
① 반타기 시공법
  Ⓐ 돌출 코너에는 타일 마감 비드를 먼저 붙인다.

② 그림처럼 마감 비드가 타일 밑에 끼워지도록 시공하고, 코너 안쪽은 타일 마감비드와 단차가 생기지 않도록 타일과 일대일로 맞춤.

③ 창틀 안쪽 시공 모습.

TIP
이러한 창틀 주변 시공은 순간 접착력이 좋은 타일 본드로 시공하는 것이 좋다.
(내벽인 경우 만)

창틀 위(인방)는 반드시 타일 본드 시공.

TIP

압착 시멘트의 반죽 농도

바닥 타일을 시공 할 경우의 압착 시멘트 농도는
아주 '된 죽'정도의 농도를 기준으로 한다.

농도가 너무 진하면 퍽퍽해져서 타일 접착이 잘 안될 수가 있고,
농도가 너무 묽으면 타일의 유동 현상이 일어나서 메지 간격 등을 잡기가 어렵다.

그리고, 압착 시멘트를 벽 타일 시공의 접착제로 사용하는 경우에는
보통 바닥 시공의 경우보다 조금 더 퍽퍽하게 반죽을 한다.

또한 압착 시멘트는 양생 속도가 많이 느리기 때문에
가급적 너무 두껍지 않게 시공하는 것이 좋다.(20mm 미만)

세탁실 타일 시공

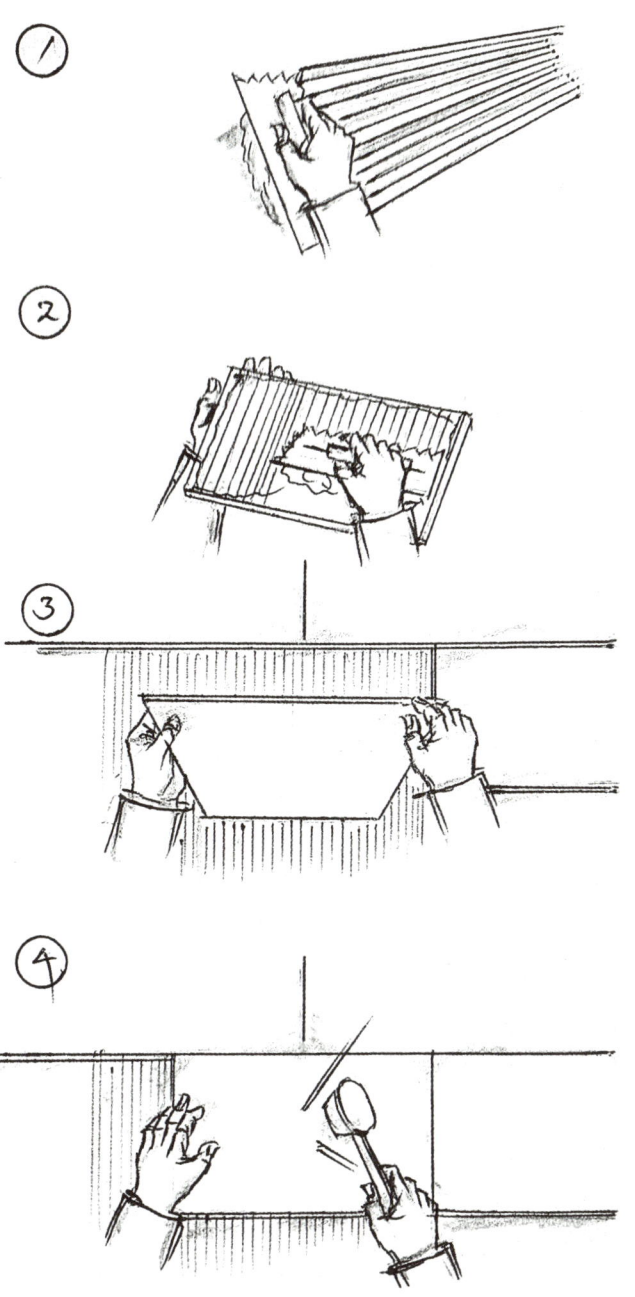

「개량 압착 시공」
- 시공 면에 접착을 강화 시키기 위해서 쓰는 시공 법.

① 시공 면에 마치 본드 시공을 하듯 얇게 압착 시멘트 반죽을 바른다.

② 타일 면 위에도 압착 시멘트를 떠 바른다.

③ 두 손으로 타일을 잡고 시공 위치에 부탁한다.

④ 고무 망치로 두들기며 압착 시킨다.

이후 상하 좌우에 스페이스를 꼽아서 고정한다.

주의
타일 단차를 맞추기 어려워서
흔히 사용하지 않는 시공법임.

세탁실 타일 시공

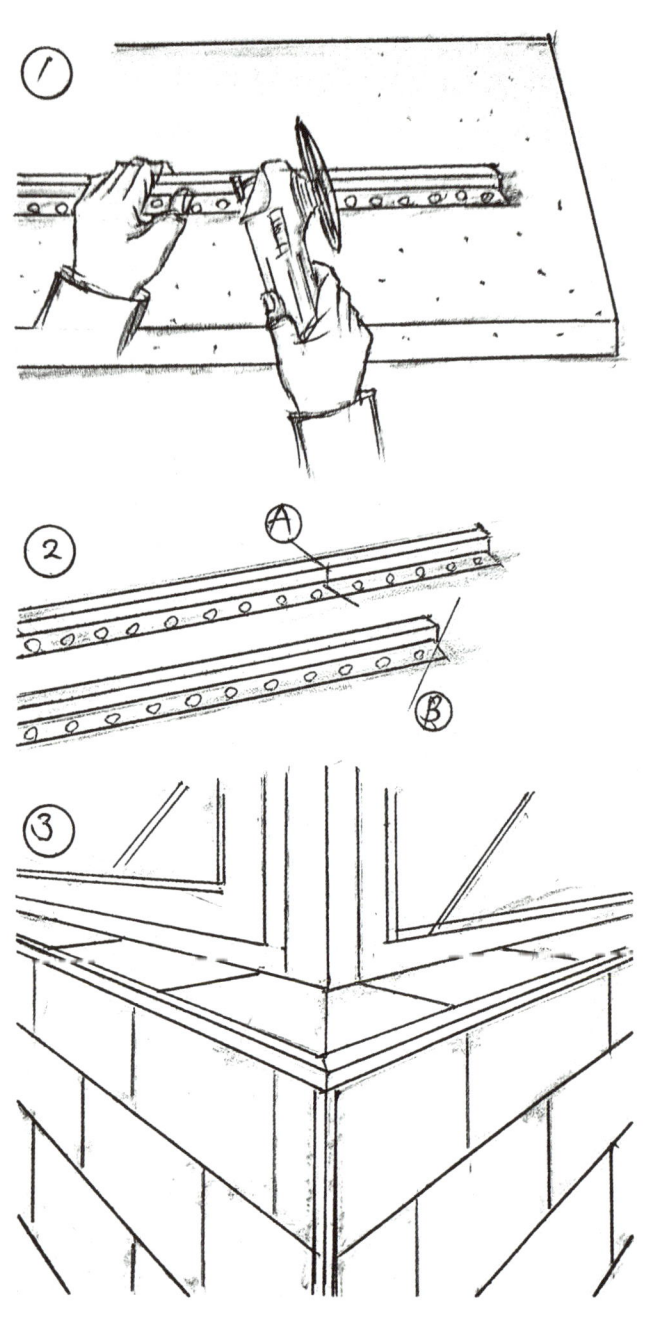

「타일 마감 비드 시공」
- 타일의 옆면이 노출되는 것을 방지하기 위해서 사용.

[핵심]
① 그라인더 + 금속 커팅 날을 이용해서 커팅.

② ③의 그림과 같은 엣지면 마감을 위해서는 일단 Ⓐ처럼 사선(45도) 커팅을 한 후 Ⓑ처럼 날개 부분을 적당히 잘라내 준다.
(Ⓑ의 날개는 타일 밑으로 들어가는 부분)

주의
타일 마감 비드를 그라인더로 자를 때에는
반드시 금속 절단용 커팅날로 바꾸어서 자른다.
또한, 커팅 시 스텐으로 된 비트가
순간적으로 말리면서(날개 부분은 특히 주의)
튀는 경우가 있으므로
급하게 절단하지 말고, 서서히 커팅하며,
양손에 힘을 주고 주의하여 시공한다.

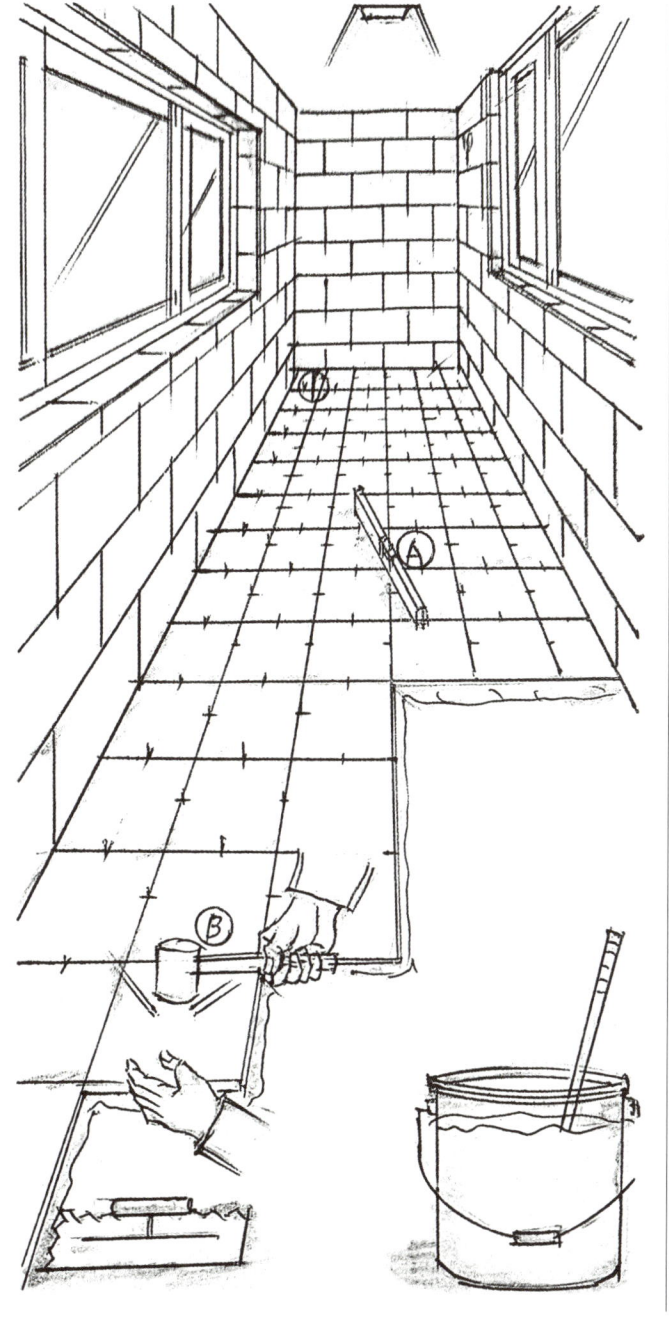

「바닥타일 시공」

바닥 타일은 앞에서 살펴 보았듯이,

① 부분에서 시작하며 가급적 벽타일의 메지선과 일치되도록 시공한다.

[핵심]

Ⓐ 수평대로 계속해서 물구배를 (육가쪽으로) 맞춰 보면서 물이 잘 흘러가도록 경사도 조절.

Ⓑ 고무 망치(대)로 타일을 완전 압착 시킴.
 - 바닥 타일은 많은 하중을 견뎌야 하기 때문에 고무 망치질을 다소 세게 한다.

TIP
압착 시멘트와 물의 반죽에 필요에 따라서는 '완결 방수액'을 섞기도 하고, 양생을 빨리(촉진)하기 위해 백시멘트를 일정 비율로 섞기도 한다.

세탁실 타일 시공

「타일 닦기 및 정리」

「잘된 시공이란」

벽타일과 바닥 타일의 메지선이 일치하고
벽이 기울어져 보이지 않고
타일 마감 비드와 타일 면 사이의
틈이 균일하며,
바닥 타일과 벽타일 사이가
5mm 이상 벌어지지 않고
메지 간격이 일정한
타일 시공이 잘된 타일 시공.

단차나 구배는 기본 물고임 주의!!

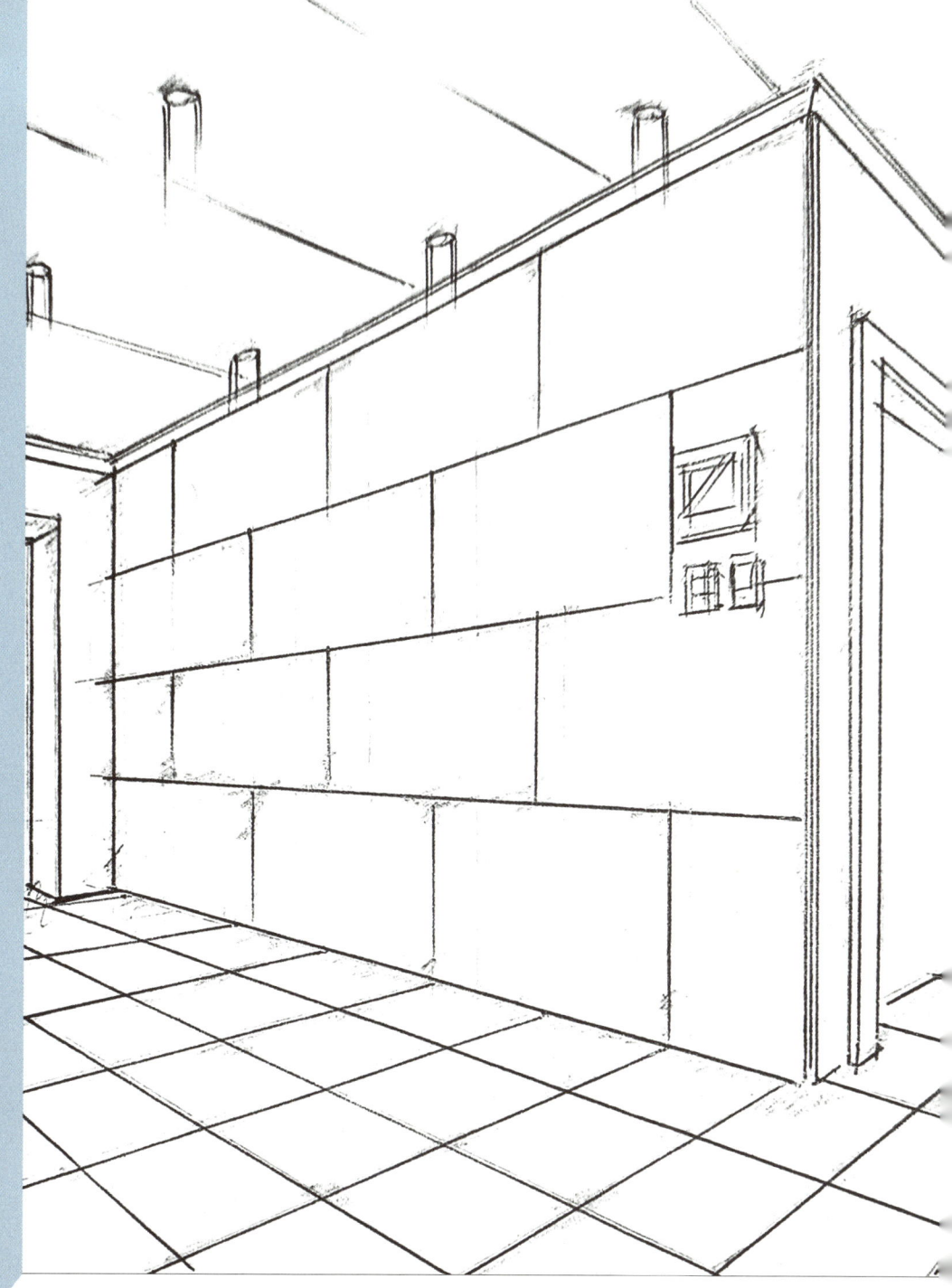

거실 아트월 타일 시공

600×1200 사이즈 타일(포세린) / 에폭시 시공 / 반타기 / 평탄 클립 사용

거실 아트월 타일 시공

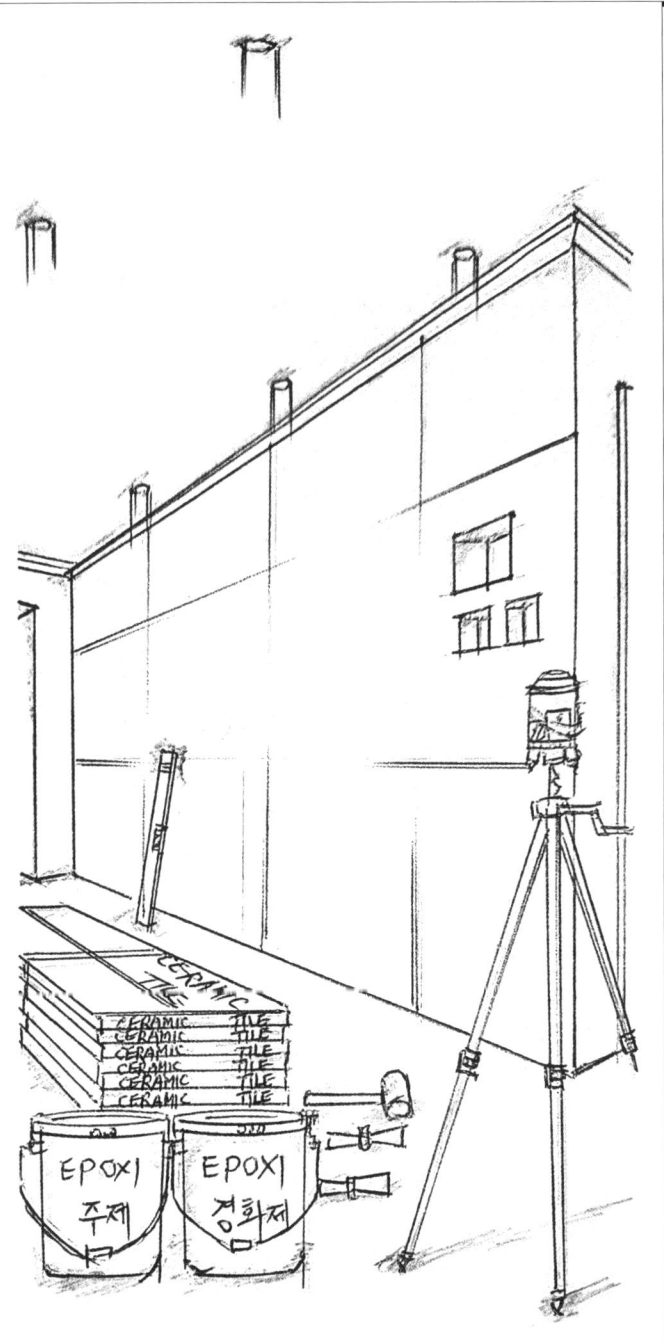

준비

〈 자재·부자재 〉
- 600×1200 포세린 타일 3.5평.
- 에폭시(주제, 경화제) 2조.
- 칼라 멘트 1봉.
- 타일 마감 비드 10mm 1개.

〈 공구 〉
- 타일 커팅기.
- 그라인더.
- 레이저 레벨기.
- 고무 망치.
- 평탄 클립.(벽용)
- 스페이스.(일자, 십자)
- 철헤라 3개.

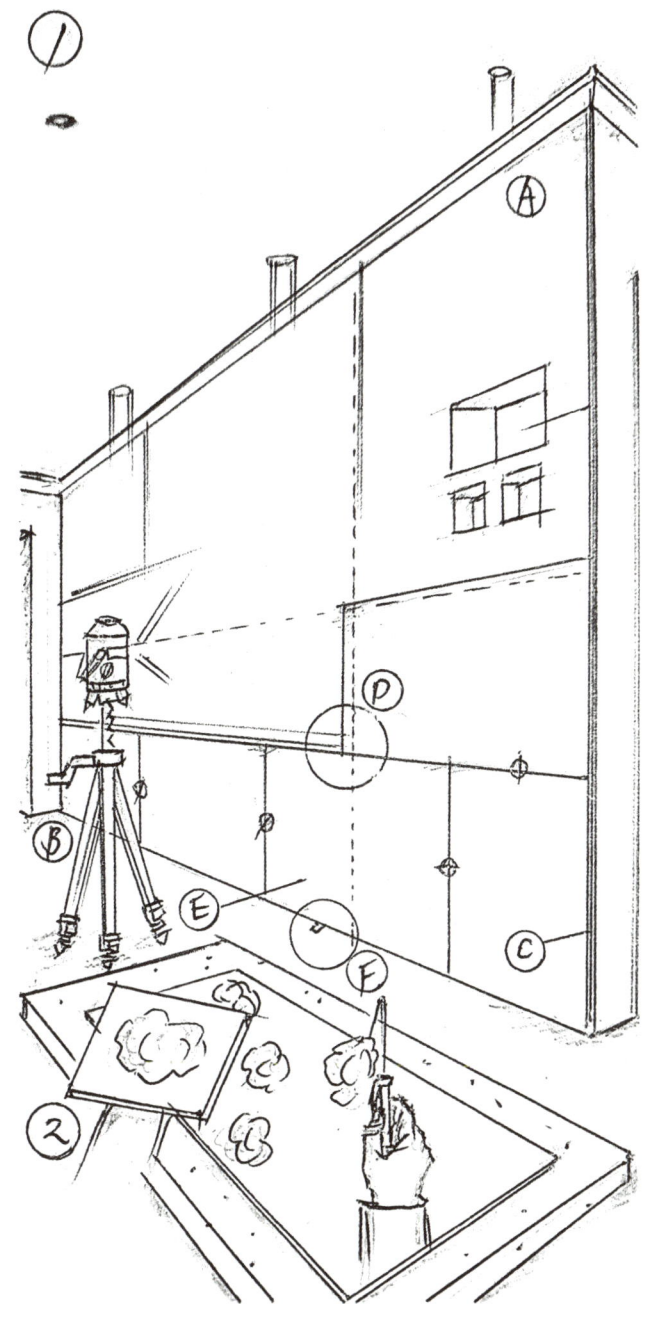

「타일 계획(기준장) 및 에폭시」

[핵심]

Ⓐ 부분에 '온장'이 들어갈 수 있도록 타일 계획.

Ⓑ 레벨기로 수직, 수평을 맞추고 줄자로 사이즈 측정.
　- 메지 간격도 감안.

Ⓒ 부분은 타일 코너비드 시공.

Ⓓ 반타기 시공.(다른 패턴 시공도 가능)

Ⓔ 맨 하단의 타일 먼저 쌓아 올라감.
　- 타일 계획에서 치수 계산
　　(타일 장수+메지 간격과 메지 숫자)
　　한 것을 기준으로
　　알맞은 크기로 재단 후
　　기초 시공.

Ⓕ 바닥 높이가 안맞는 경우에는 스페이스 활용.(일자)

[주의]
수평대로 세로(수직)가네도 수시로 체크 한다.
(기울기)

② 에폭시 떠붙임 시공.

거실 아트월 타일 시공

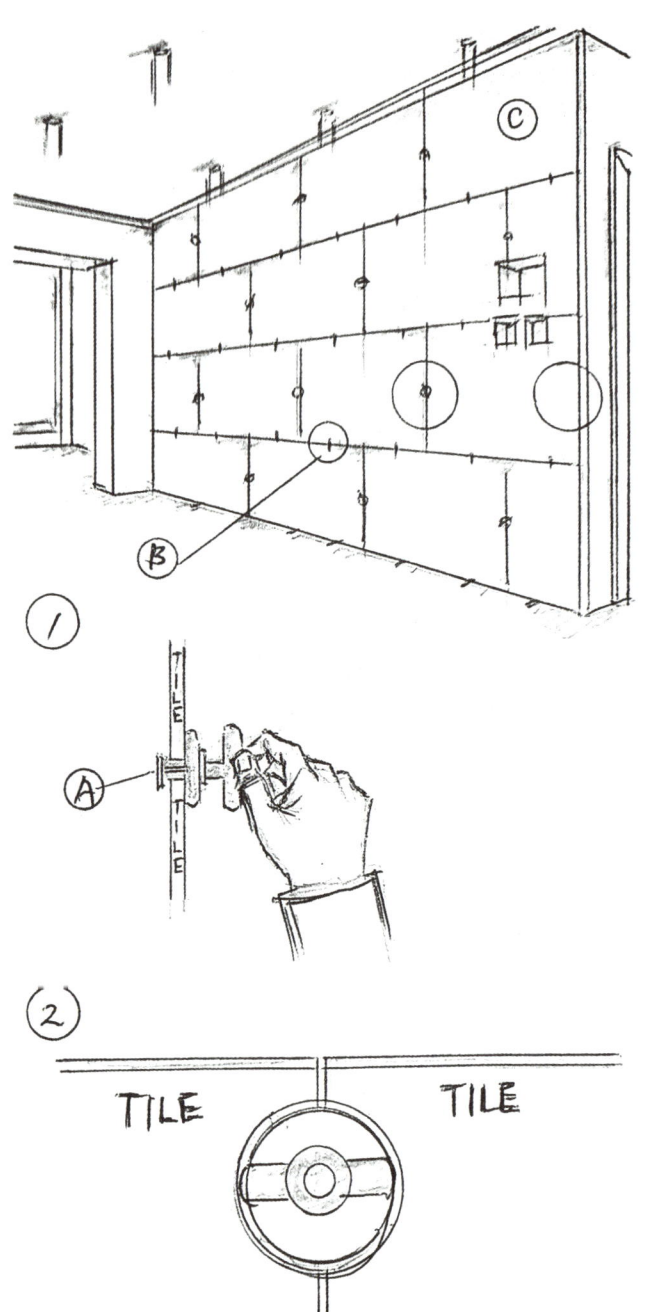

「평탄 클립 고정」

[핵심]
① 평탄 클립(벽용)은
   그림처럼 가는 쇠부분 Ⓐ를
   타일 사이에 집어넣고
   가로로 돌려서 걸리게 한 다음
   손잡이를 돌려 감아서
   꽉 조이는 방식이다.

② 정면에서 본 모습.

Ⓑ 쿠사비(스페이스)와 혼용해서
   쓰기도 한다.

Ⓒ는 반드시 온장이 들어가게
   타일 계획 및 시공하는 것이 좋다.

TIP
바닥 면 시공때와는 달리 벽체 시공 시에는 평탄 클립 사용을 추천한다.

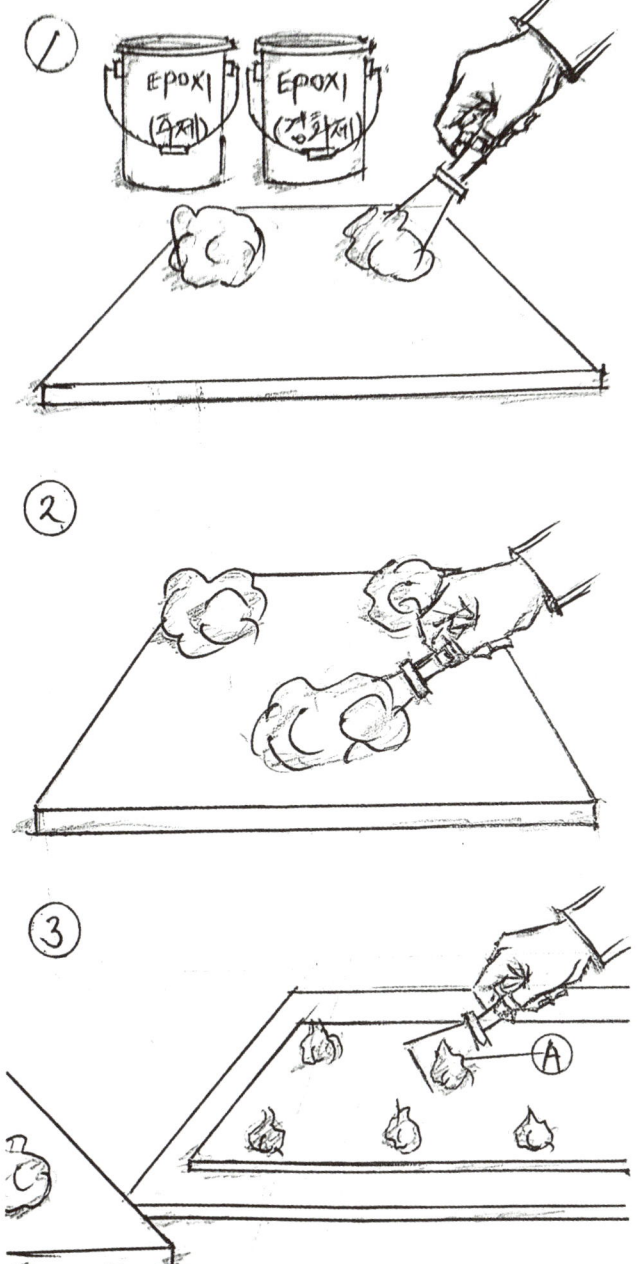

「에폭시 떠 붙임」

[핵심]
① 에폭시(타일용)를 개봉한 후 넓고 매끄러운 판에 에폭시 주제와 경화제를 떠 놓고,

② 각각 1회 사용 할 만큼만 덜어내서 혼합한다.

주의
에폭시는 경화제와 섞이면
빠르게 양생이 진행되니 항상 주의.

③ 혼합한 에폭시를
타일 뒷면에 여기저기 떠놓고
타일을 들어 시공 면에 붙인다.

주의
이때, Ⓐ그림처럼 위로 두께가 있게 놓아야
시공 면과 타일 사이에 눌리면서
잡아 줄 수 있다.(단차 맞추기)

거실 바닥 폴리싱 타일 시공

600각 폴리싱 타일 시공 / 난방용 드라이픽스 시공 / 탄성 줄눈

거실 바닥 폴리싱 타일 시공

준비

〈 자재·부자재 〉
- 폴리싱 타일 15평.(600각)
- 난방용 드라이 픽스.(25포)
- 탄성 줄눈.

〈 공구 〉
- 물 조리개.
- 커팅기.
- 그라인더 + 날.
- 믹서기.
- 톱날 고대.(대)
- 고무 망치.(대)
- 수평대.
- 철 헤라.
- 믹서 통.

TIP

바닥 난방과 폴리싱 타일 시공

바닥에 폴리싱 타일을 깔면 난방 효과가 떨어질 것이라고 우려하는 분들이 가끔있다.
그러나 그건 기우에 불과하다.
오히려 여름에는 더 시원하고 겨울에는 더 따뜻하다.

고급 인테리어에는 거의 바닥에 폴리싱 타일 마감인 점도 이것을 반증한다.

그래도 걱정이 된다면 압착 시멘트의 두께를 최소로 하고,
압착 시멘트 대신 난방용 드라이 픽스로 시공하는 것도 좋은 선택이다.
단, 폴리싱 타일은 물이 묻을 경우 미끄러워지는 점에 유의해야 한다.

거실 바닥 폴리싱 타일 시공

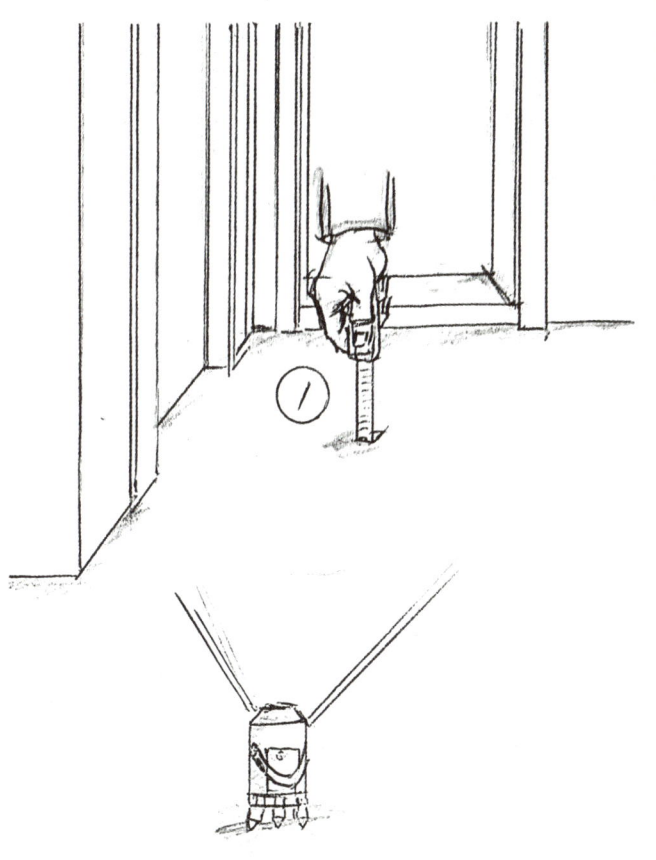

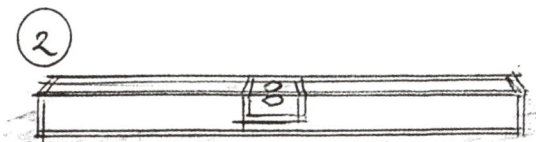

「전체 바닥 경사도 검사」

전체 바닥의 평활한 타일 시공을 위해서는 시공 면 군데군데의 기울기(평탄도)를 미리 검사하는 것이 좋다.
(접착제의 두께등에 영향을 줌).

[핵심]
① 레이저 레벨기를 켜고
　군데 군데 줄자를 이용해서
　높이를 비교하는 방법.
　(넓은 시공 면일 경우)

② 수평대 이용.
　(좁은 시공 면일 경우)

실전 시공 훈련

거실 바닥 폴리싱 타일 시공

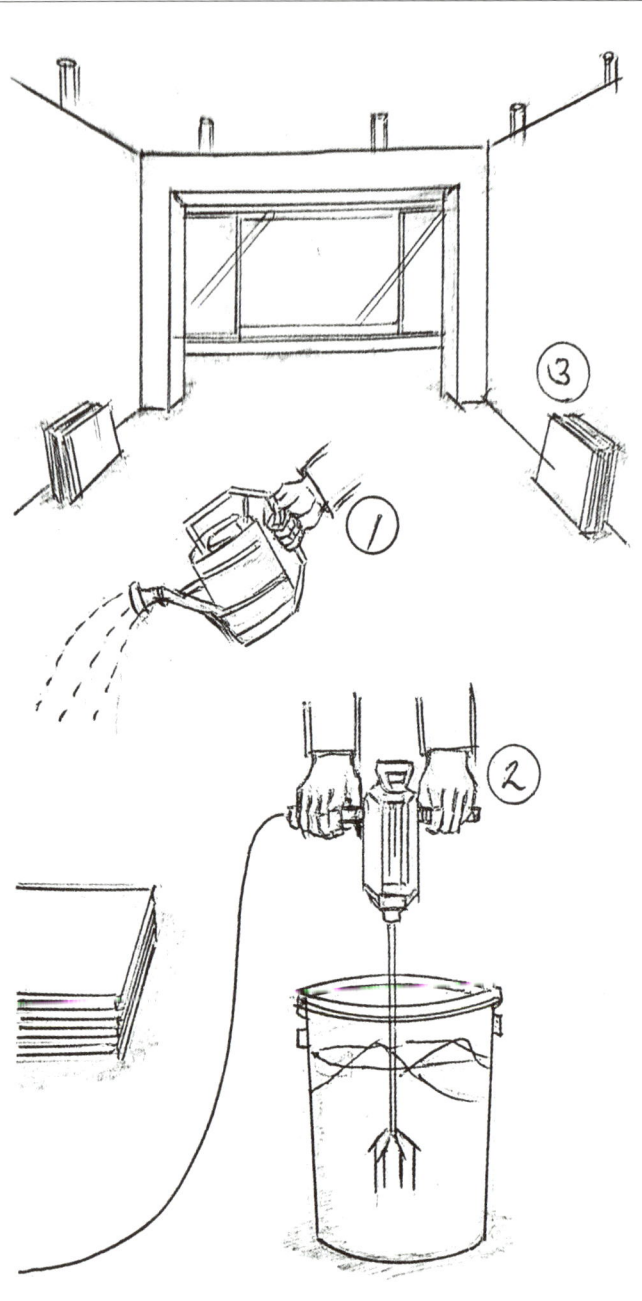

「기초 작업」
- 타일은 사전 준비가 중요!

[핵심]
① 시공 면을 깨끗이 청소한 후
   물 조리개로 물을 뿌려준다.

② 바닥 면의 정리가 끝나고 타일 계획이
   잡히면 난방용 드라이 픽스를 반죽한다.
   (농도는 '아주 된 죽' 정도)

TIP
난방용 드라이 픽스는 가격이 조금 비싸지만
열효율과 접착력이 좋다.

③ 타일의 박스를 개봉한 후
   타일을 검사하고 차곡차곡 쌓아둔다.
   (일정량씩)

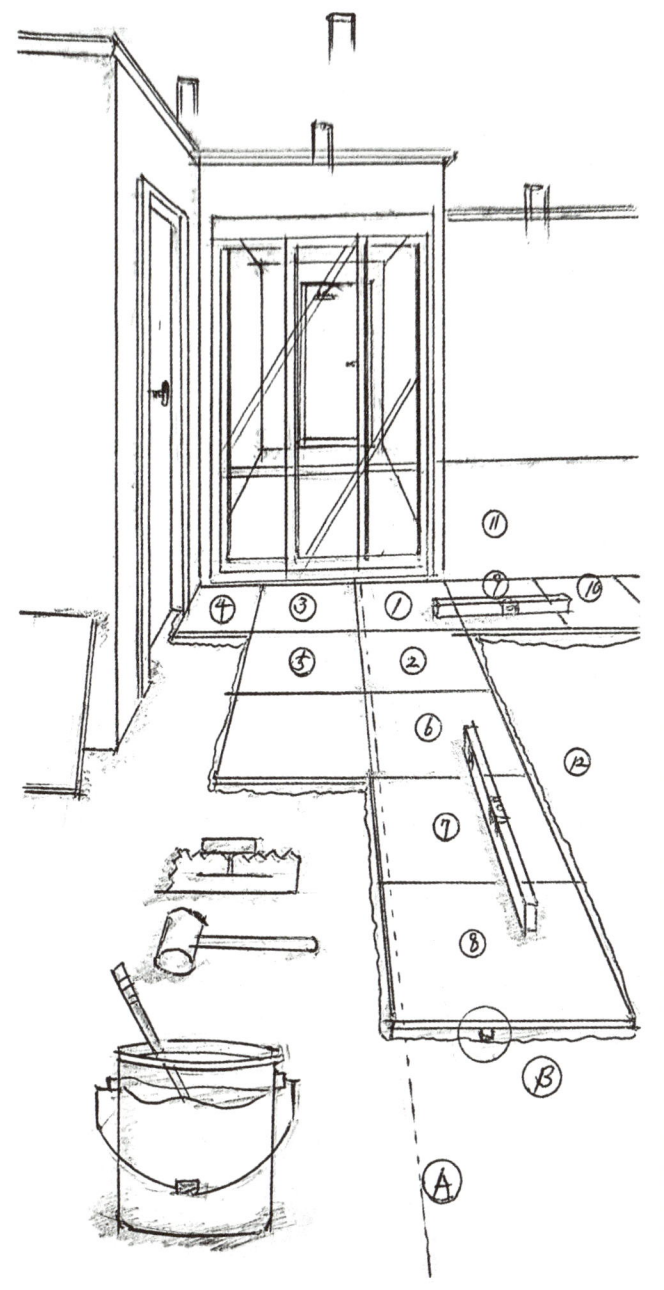

「타일 계획 및 기준 장」

[핵심]
① 기준장은 항상 입구부터,
- 이 케이스에서는 ①이 기준장.
- 이후 번호들은 타일 시공 순서.
- 보통 Ⓐ의 기준 라인은
  직선 가네와 높이 조절용으로
  양끝에 시공 못을 박고 실을 연결해서
  기준을 맞추기도 하지만,
  필자의 견해로는 폴리싱 타일은
  대개 치수가 정교하기 때문에
  메지 간격만 잘 맞춰서 시공 해 나간다면
  충분하다고 본다.
- 단, 수평대로 수시 점검.(기울기)

①을 기준으로 가로, 세로 각 방향으로 시공 해 나간다.

주의
타일 시공 중 마지막 장은
약간의 유동 현상이 생길 수 있기 때문에
Ⓑ처럼 스페이스나 평탄 클립 부속으로
고임목 역할을 만드는게 좋다.

실전 시공 훈련

거실 바닥 폴리싱 타일 시공

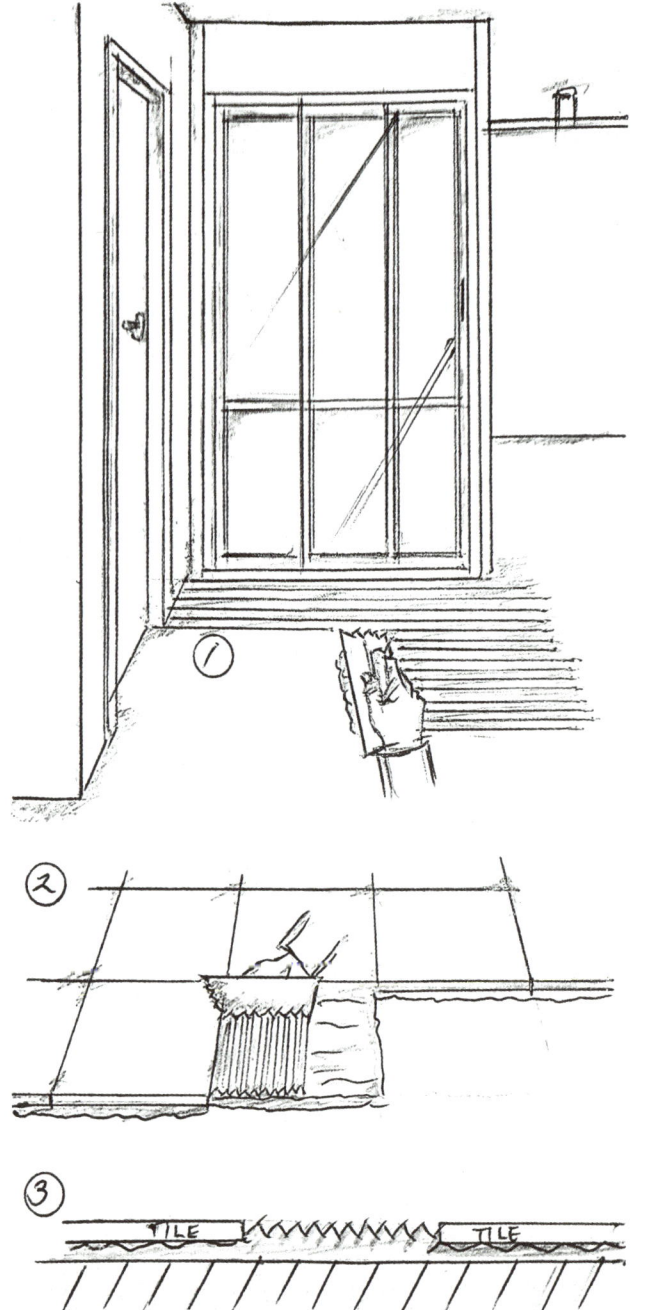

「드라이 픽스 반죽 도포」

[핵심]
① 굵은 톱날 고대 사용.

② 보통은 톱날 고대의 톱날을 바닥면에 대어지게 하고 약 30~45도 기울기로 당기지만 드라이 픽스 반죽의 두께가 깊어지는 곳은 그럴 수가 없다. 이런 경우에는 먼저 시공 된 타일 면을 기준으로 이 타일에 톱날 1단을 걸치고 시공하면 좀 더 편하다.

③ 톱날 두께 만큼의 접착제가 눌려지면서 단차가 조절됨.
 - 그림처럼 타일 옆면 높이의 약 절반 정도 (5mm 정도) 올라온 상태가 좋다.

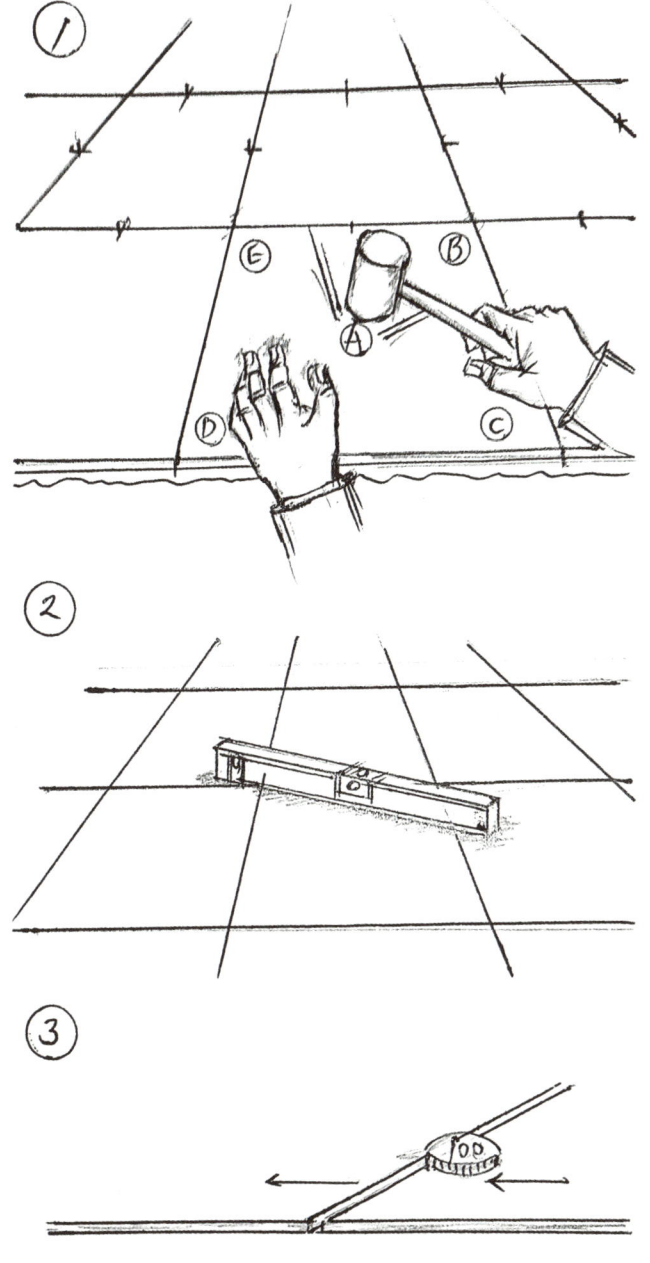

「타일 붙이기」

① 타일을 올려놓고 고무 망치질
(Ⓐ → Ⓔ 의 순서로)
타일이 크고 강도가 세며,
특히, 바닥 면 시공이어서 세게 쳐
완전 압착 시킨다.

② 수평대로 가로, 세로 수평 보기.

③ 수평도 다 맞았다고 판단되면
단차 검사.
(단차 검사를 위해 실제로 동전을
올려 놓은 후 밀어보는 경우도 있지만
보통은 그냥 육안으로 검사한다.)

거실 바닥 폴리싱 타일 시공

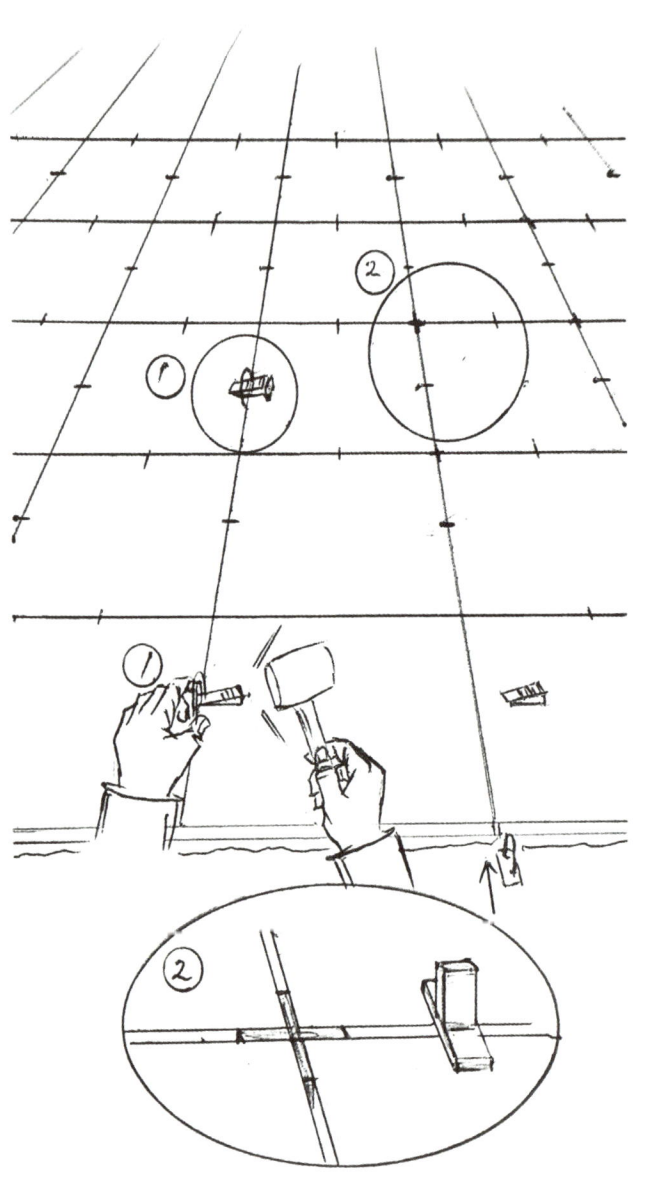

「평탄 클립과 스페이스(쿠사비)」

[핵심]

① 처럼 평탄 클립은 타일 사이에 고리를 집어 넣고 고정핀을 끼워서 강제적으로 타일의 단차를 맞추는 부품으로 많이 애용된다.
그러나, 타일을 강제로 단차 높이 만큼 띄워야 하는 원리여서 '전면 압착' 시공 원칙에는 다소 어긋난다고 볼 수 있다.
그래서, 보조적 시공으로만 사용 하는 것을 추천한다.

② 스페이스는 보통 '십자'를 많이 쓰는데 아예 교차 지점 깊숙이 심어 버리기도 한다.

「타일 닦기 및 정리」

「잘된 시공이란」

거실의 폴리싱 타일 시공은
고객이 맨발로 생활하는 공간의 바닥을
타일로 마감한다는 특성 때문에
특히, '단차'에 중점적으로
주의를 기울여야 한다.
(자칫 발을 다칠 수도 있다.)
그래서, 일반적으로 허용되는
0.5mm 정도의 단차도
거실 바닥 시공에서는
용납하기 어려워진다.

TIP
600각 폴리싱 타일 시공 시에는
보통 탄성 줄눈을 시공하지만
그냥 알반 줄눈을 넣고 다시 절반 정도 파내서
바이오(펄) 줄눈제 시공을 하는 경우가 많다.
(시멘트 가루 때문)

실전 시공 훈련

거실 바닥 폴리싱 타일 시공

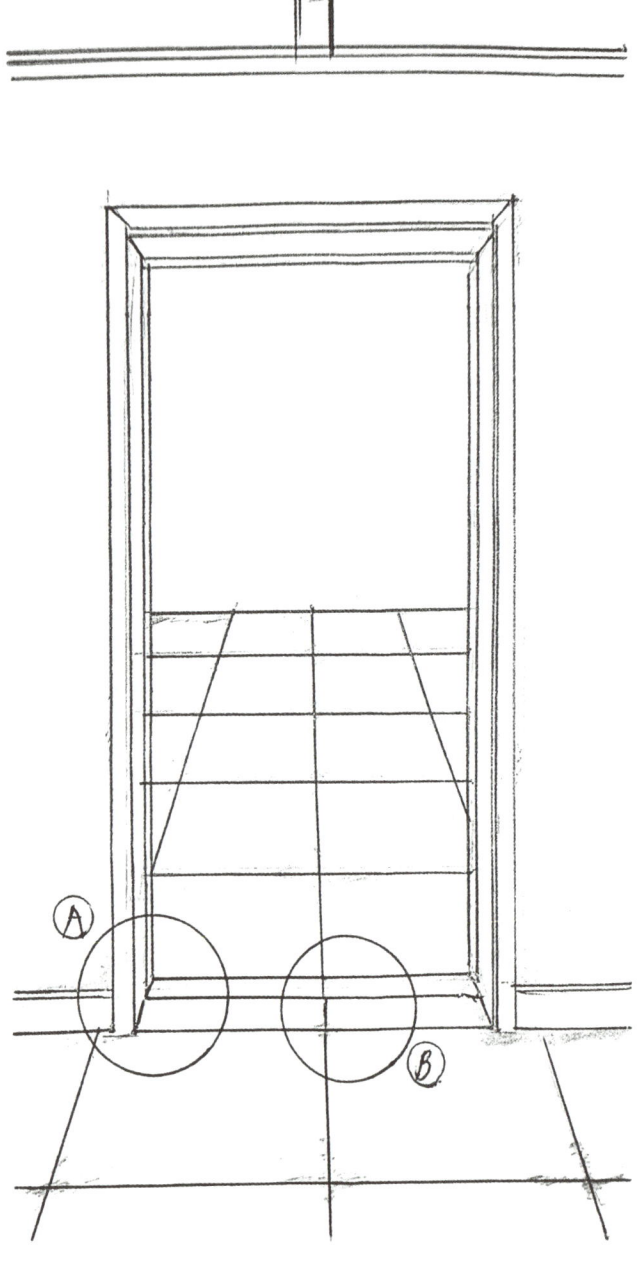

> **참고**
>
> 「문틀 부위 시공」
>
> 방까지 타일을 시공하는 경우
> 타일 시공 전에 문틀이 먼저
> (타일 시공 높이 만큼 띄워지지 않은채)
> 시공되어 있다면 부분의 그라인더 커팅이
> 어렵게 느껴질 수 있다.
> (Ⓐ면의 크고, 작은 굴곡 때문)
> 특히, 거실과 방의 높이가
> 차이가 나는 경우에는
> Ⓑ처럼 문턱폭에 맞추어서
> 1~2번 정도 절단하며,
> 경사도를 잡는 것이 좋다.
>
> **주의**
> Ⓐ부분 시공 시 문틀과 타일 사이의 틈이
> 2mm 이상 벌어지면 안됨.

포인트 벽 타일 시공

고벽돌 타일 시공 / 타일 본드 / 외장 줄눈제 / 반타기 시공

포인트 벽 타일 시공

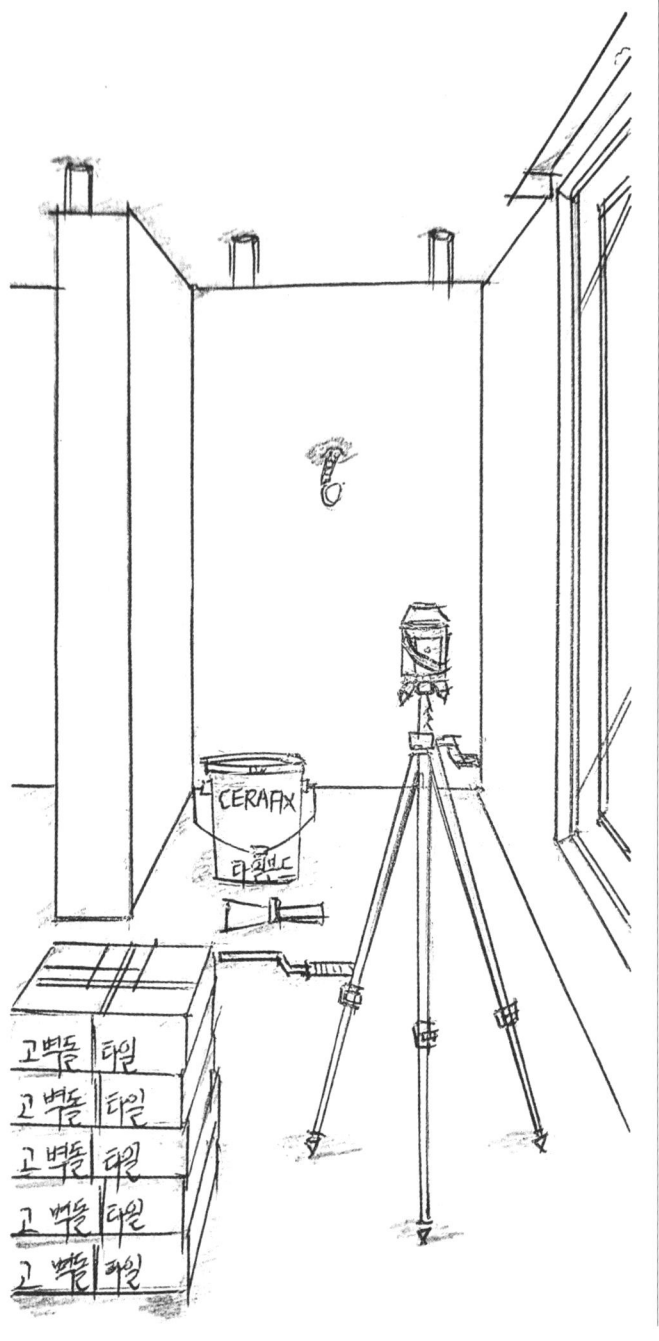

준비

⟨ 자재·부자재 ⟩
- 고벽돌 타일 3평.
- 타일 본드 2box.
- 외장 줄눈제 2포.

⟨ 공구 ⟩
- 외장용 메지고대.
- 철 헤라.
- 그라인더 + 날.
- 레이저 레벨기.
- 냉가 망치.
- 행주.
- 검정 스펀지.

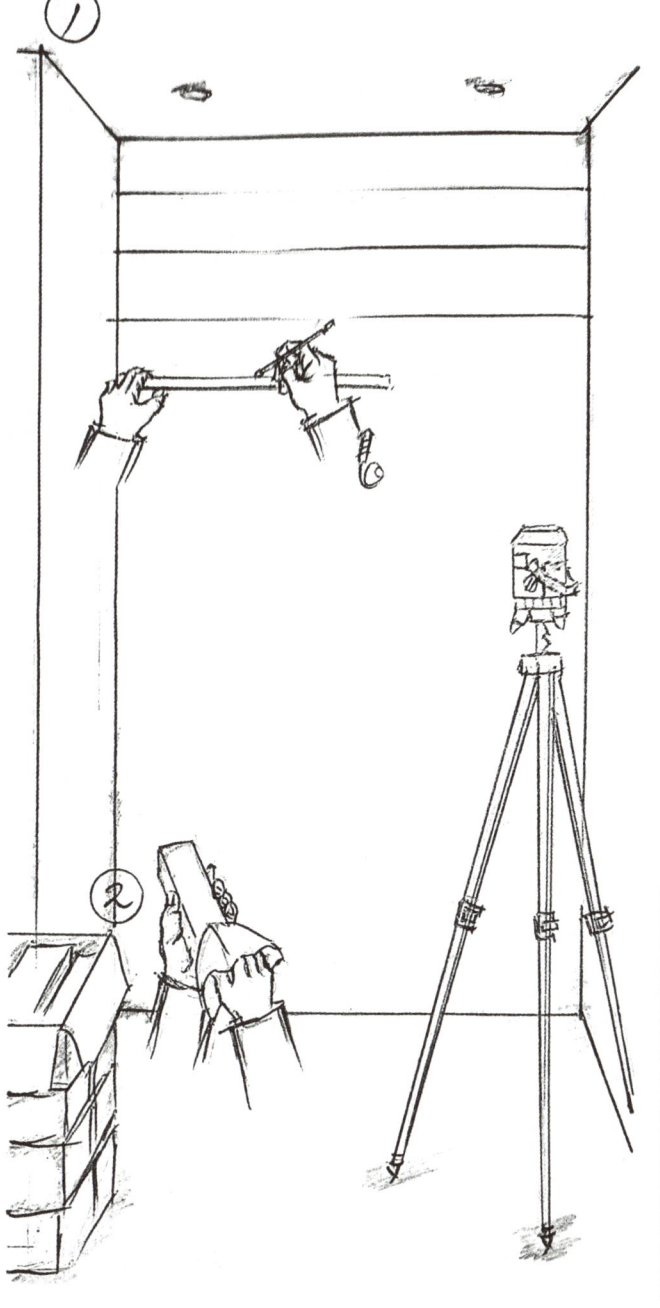

「기초 작업」

[핵심]

① 레이저 레벨기를 켜고
수평을 맞춘 다음 높이를 조절하면서
연필로 여러 개의 선을 그어둔다.
(먹줄을 이용해도 됨)
– 수평을 맞추는 것이 관건.

② 고벽돌 타일은 미세한 먼지가
아주 많이 붙어있다.
그래서, 반드시 마스크를 끼고
작업해야 하며,
본드가 잘 묻게 하기 위해서는
타일 뒷면의 먼지를
깨끗한 걸레로 닦아내야 한다.

실전 시공 훈련

포인트 벽 타일 시공

「고벽돌 타일 붙이기」

[핵심]
②처럼 먼지가 닦아진 타일을 왼손에 쥐고, 오른손으로 헤라에 타일본드를 묻혀서 타일 뒷면 2~3군데에 떠 바른다.

이후, ①처럼 시공 위치에 대고
좌우로 살짝 흔들면서 압착시켜 붙인다.
(고무 망치를 사용하지 않음)
 - 메지 간격 주의(보통 10~12mm)

주의
타일 본드로 시공된 고벽돌 타일은
무게 때문에 간혹 떨어지는 경우도 있어서
메지가 더욱 중요하다.

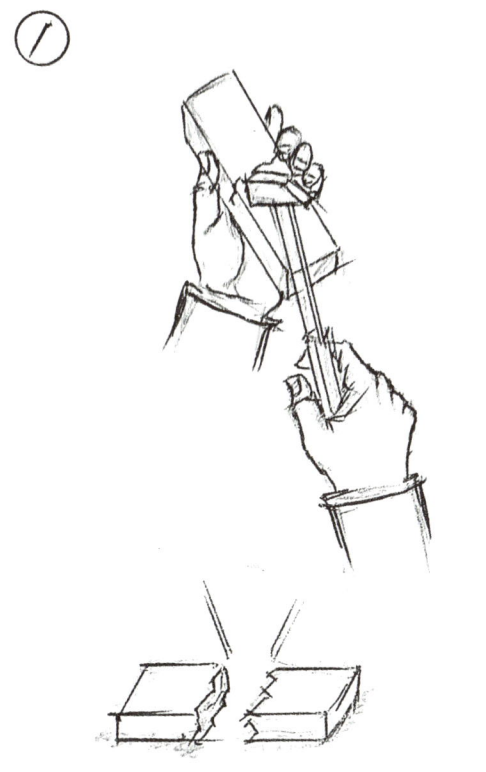

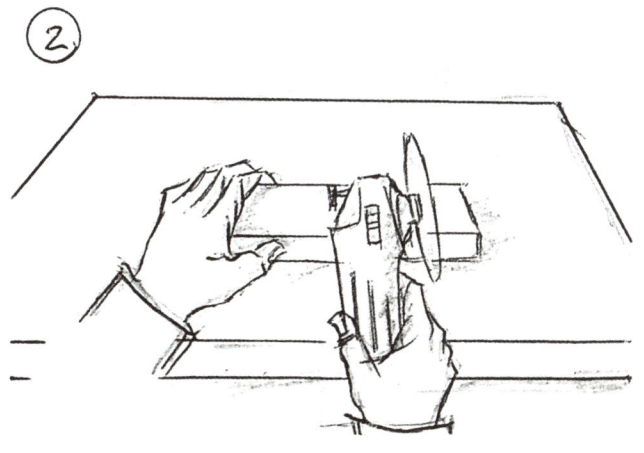

「고벽돌 타일 커팅」

[핵심]
고벽돌 타일을 커팅 할 경우에는

①처럼 커팅할 부위를
냉가 망치로 쳐서 절단하거나,

②처럼 그라인더로 커팅한다.
커팅 면을 예쁘게 해서
퀄리티를 높이기 위해서는
당연히 그라인더 커팅을 해야 하지만,
빠른 시공을 위해서 망치로 두드려
절단하는 경우가 많다.

TIP
철 헤라(옆면)로 두드려도 잘 잘린다.

포인트 벽 타일 시공

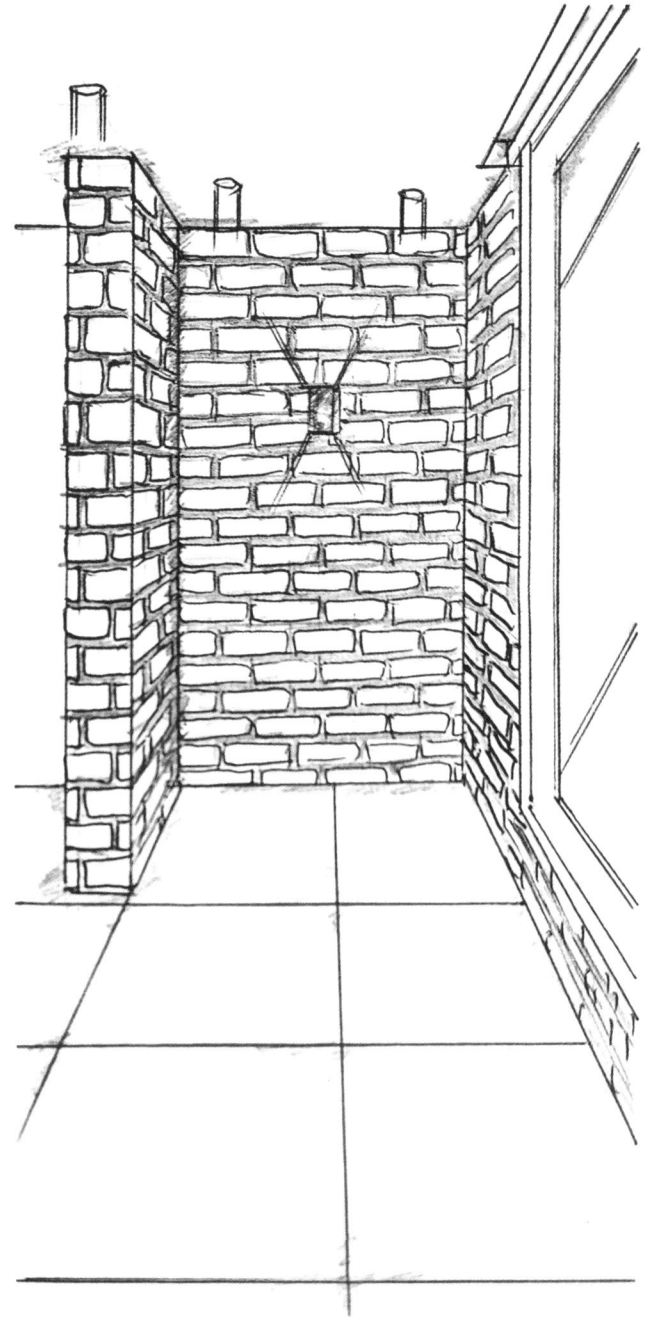

「타일 닦기 및 정리」

「잘된 시공이란」

고 벽돌 타일 면에 타일 본드 등이
지저분하게 묻지 않고
자연스러운 분위기를 연출하게 되는
시공이 잘된 시공.
 − 수평 라인 맞추기는 기본.

이 외에도 세로 시공, 격자 시공 등
다양한 패턴의 시공의 가능하다.

현관 벽 타일 시공

모자이크 타일(MOSAIC TILE) / 타일 본드 시공

현관 벽 타일 시공

준비

〈 자재·부자재 〉
- 모자이크 타일 3평.
- 타일 본드 1통.
- 칼라 멘트(항균 줄눈 시멘트) 2봉.
- 타일 마감 비드(6mm) 6개.

〈 공구 〉
- 타일 커팅기.
- 그라인더 + 날.
- 레이저 레벨기.
- 톱날 고대.(소)
  (제일 가는 사이즈 : 2~3mm)
- 사각 메지 고대.(두드림 용)
- PVC 헤라.(줄눈 정리용)

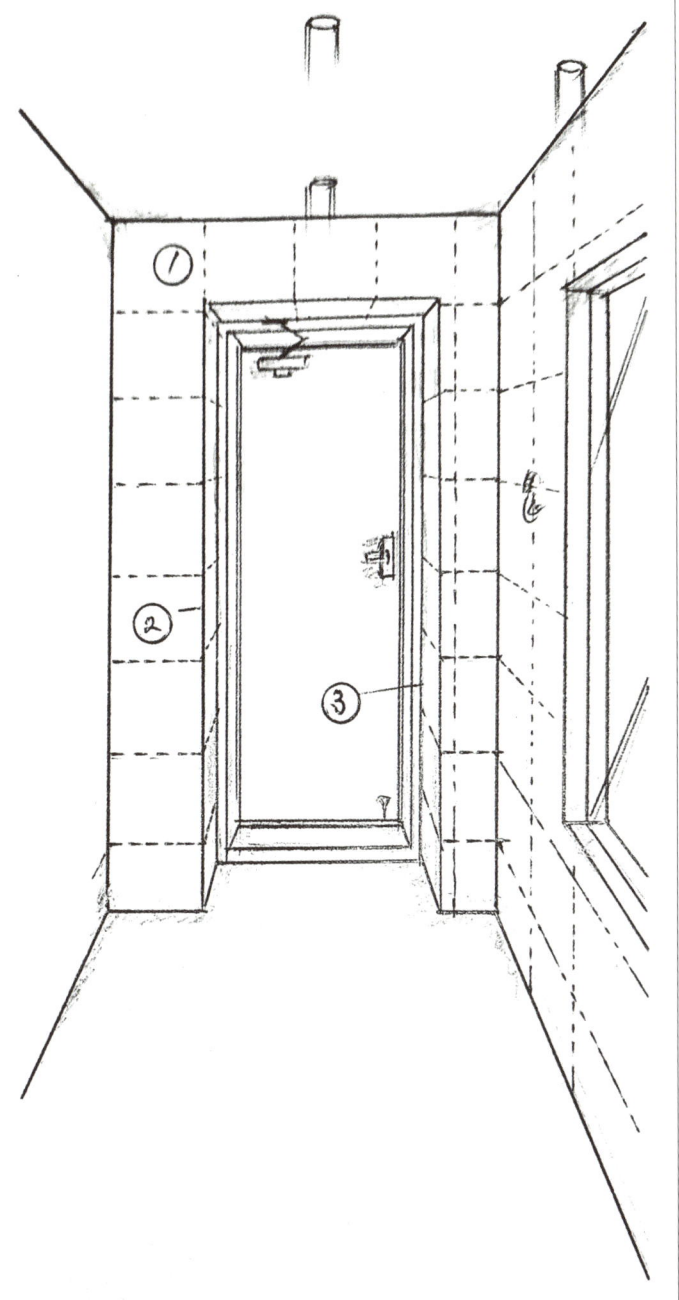

「타일 붙이기」
- 대부분의
 모자이크 타일 1장의 사이즈는
 300×300 (300각)이다.

[핵심]
① 부분을 기준으로 잡고 타일을 계획한다.
 (임의적)

② 외곽 코너는 타일 마감 비드를 넣는다.

③ 현관문과 만나는 내각 코너는
 마감 비드를 넣지 않는다.
- 추후 실리콘 마감.
 (줄눈이 깨지지 않도록)

현관 벽 타일 시공

「타일 본드 바르기」

[핵심]
① 본드를 냉가고대로 떠서
   시공 면 군데 군데 찍어놓고,

② 일단 대충펴서 '나라시'시켜 놓는다.

③ 이후 코너면 위주로
   먼저 본드를 곱게 바르고,

④ 전체적으로 톱날 고대질을 한다.

톱날 고대는
가장 가는 톱날 시공을 추천하는데,
본드 두께가 두꺼우면
타일 1장을 구성하는 작은 알갱이들끼리도
단차가 발생하기 쉽고,
또, 남은 본드들이
알갱이들 사이로 삐져나와
줄눈을 채워 버리기 때문이다.

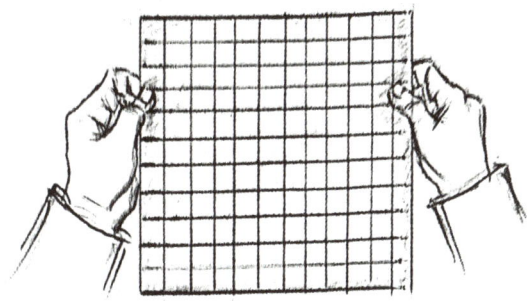

「타일 붙이기 ❶」

[핵심]

① 양손으로 타일을 들고,
   타일 알갱이들이 잘 펴진 상태 그대로
   시공 할 위치에 갖다 댄다.
   (살짝 눌러서 잠시 고정 될 정도만 붙임)

② 고무 고대(메지고대 사용)로
   타일을 평평하게(살짝 치는 느낌으로)
   눌러서 알갱이들의 단차를 없애 준다.

주의

이때 너무 세게 치면
타일 알갱이들이 중구난방으로 흩어져서
엉망이 될 수도 있으니 주의!!

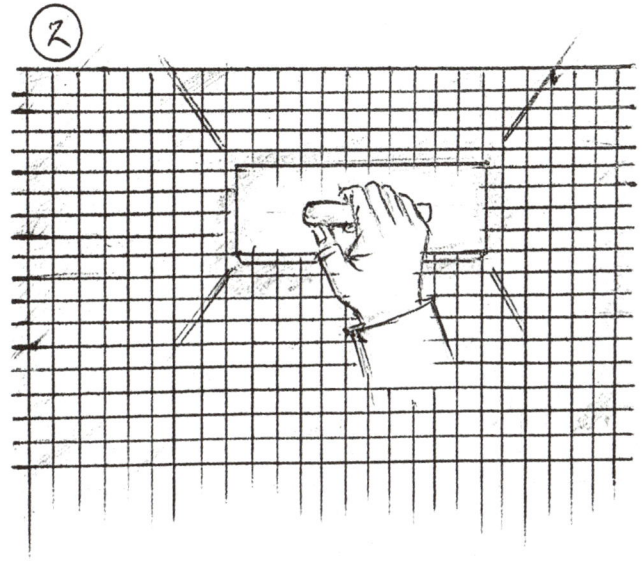

현관 벽 타일 시공

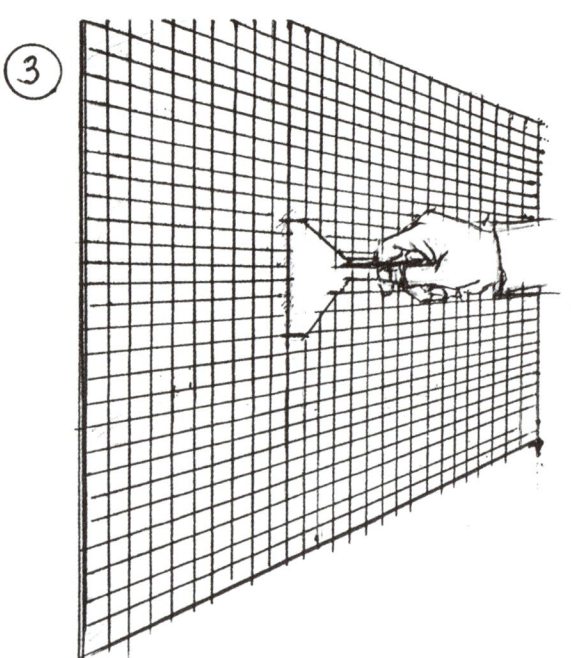

「타일 붙이기 ❷」

[핵심]
③ PVC 헤라로 타일 알갱이 사이의 메지 간격을 정렬하여 맞춘다.

주의
이때 타일 알갱이들의 단차가 어긋나지 않도록 유의해야 한다.

④ 타일을 시공하는 중간 중간에 수평대로 시공면의 수직 '가네'를 점검하며 시공해 나간다.

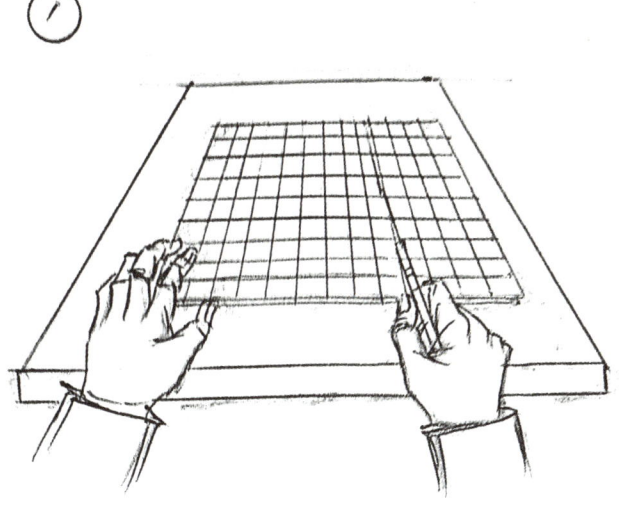

「모자이크 타일 커팅」

[핵심]
모자이크 타일은
타일 커팅기로 커팅하기가 어려워서,

① 타일 '뒷면'의 망을
　커터칼로 잘라내는 커팅과,

② 그라인더 커팅을 병행하곤 한다.

TIP
그라인더 커팅 시에는
타일 알갱이들이 자꾸 움직이기 때문에
꽤 어려운 작업일 수 있다.
이때, 스치로폼 판 등
다소 거친 깔판 위에서 커팅하는 것이 편하다.
(덜 말림)

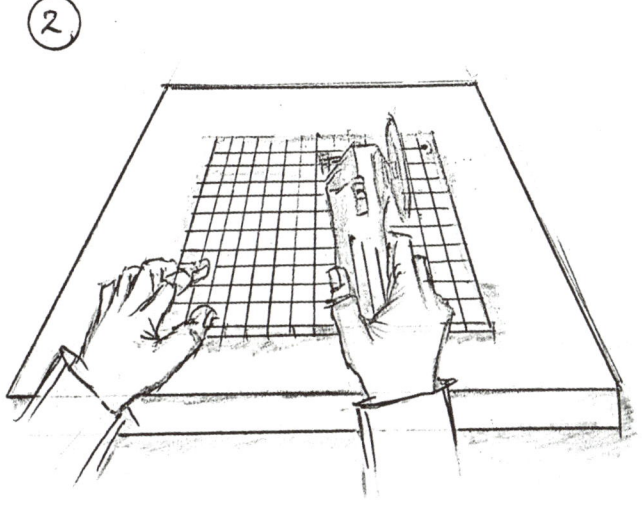

줄눈 시공

준비물 - 백 시멘트, 칼라 멘트, 외장 줄눈제, 탄성 줄눈.
- 메지고대, 철 헤라, 스펀지(사각), 스펀지(블랙-외장줄눈용),
행주, 빈통 2개, 외장줄눈 고대.

TIP

타일 시공 후 양생 시간과 줄눈 시공

상식적으로 타일의 접착제가 양생되지 않았는데,
줄눈을 시공하면 좋을 수가 없다.
하지만, 현장 실무에서는 시간적 제약 때문에
이렇게 잘못된 시공을 감수해야 하는 경우도 많은 것이 사실이다.

양생 시간은 타일 본드(단, 10mm 미만)가 가장 빠르고,
이후, 에폭시, 압착 시멘트 등의 순서이다.
그래서 바닥 타일 시공 시에는 빠른 양생을 위해서
일정 비율의 백시멘트를 혼합하기도 한다

현장 여건이 허락한다면 타일 접착제가 충분히,
아니 최대한 양생된 이후에 줄 눈 시공을 하는 것이 좋다.

줄눈 시공

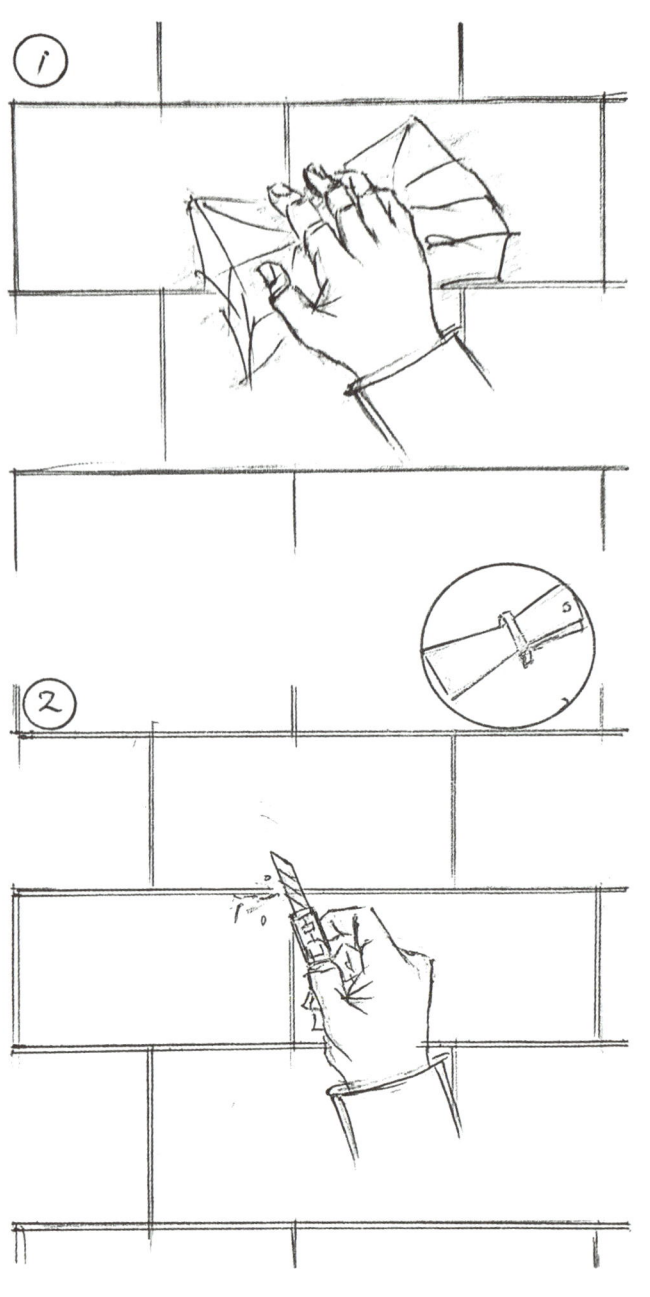

「기초 작업」

[핵심]
① 타일 면을 스펀지로 닦기.
   (스펀지를 통 안의 물로 빨면서)

TIP
특히, 타일 본드는 물에 녹는 성질 때문에
잠시 동안 물을 축여 두면 쉽게 닦인다.

② 잘 안 떨어지는 오염물은
   커터칼 또는 철 헤라로 긁어 낸다.

주의
타일 면이 상하지 않도록 조심해야 한다.

타일 줄눈 내부도
조금은 이물질을 제거해야
줄눈제가 쉽게 들어간다.

「줄눈제 넣기」

[핵심]

① (고무 장갑을 끼고) 왼손으로
   메지 반죽을 쥐고 메지를 밀어넣는다.
   (메지의 농도는 생크림 정도) 이후,

② 오른손으로 메지 고대를 쥐고
   메지선 주위를 이리 저리로 밀면서
   메지를 메지 구멍에 채워 나간다.
   – 이때, 남은 메지는 긁으면서 걷은 후
     다시 통안으로 회수한다.

TIP
메지선 홈에 부족하게 채워지면 안되고
이왕이면 살짝 넘칠 정도가 좋다.

실전 시공 훈련

줄눈 시공

「닦아내기」
- 메지 시공은 이렇듯 닦아내는 작업이 중요하다.

[핵심]
① 시공 면에 넣은 메지가 굳기 전에
   (금새 굳음, 약 10~30분)
   스펀지를 물이 든 통에 넣고
   계속 빨면서 닦는다.
   이때, 메지선 방향으로 한번씩 밀어주면
   메지선 안에 들어간 메지가
   매끄러운 표면을 갖게 된다.
   - 2~3회 닦을 것.
   - 이 작업이 가장 중요!

② 마지막으로 마른 행주(걸레)로
   타일 겉면을 전체적으로 닦아주면 된다.

TIP

줄눈에 딱 맞게 채워지고
또한 줄눈 표면이 실리콘처럼
매끄럽게 시공된 상태가 가장 잘된 시공.

TIP

적절한 줄눈 간격과 '무메지 시공'

줄눈은 보통 1.2mm, 1.5mm, 1.8mm, 2.0mm(외장 줄눈은 8~10mm)
정도에서 선택하는데, 필자의 견해로는 1.8mm를 추천한다.

최근에는 아예 줄눈을 넣지 않는 '무메지 시공'도 많이 하는데,
줄눈은 타일 사이에 들어가서 접착력을 돕고, 방수의 기능도 하기 때문에
특별한 경우를 제외하고는 '무메지 시공'은 추천하지 않는다.

또한, 줄눈 시공 시에는 백 시멘트 보다는 가급적 항균 줄눈제(칼라 멘트)를 추천한다.

그리고, 바닥 타일 중 특히, 실내 폴리싱 타일 줄눈의 경우에는
가급적 추후에라도 '바이오(펄) 줄눈제'를 시공해 주는 것이 좋다.(실내 바닥일 경우)

줄눈 시공

①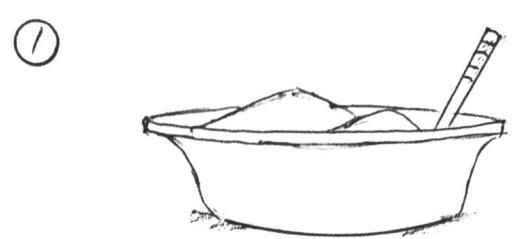

②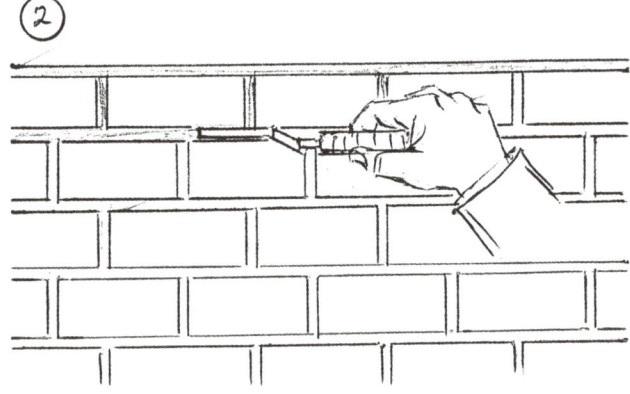

③

참고

「외장 줄눈 시공」

① 통에 물을 붓고
   '외장 줄눈제(20kg)'을 넣어서
   냉가고대로 섞으면서 반죽한다.
 - 이때, 농도가 중요한데
   농도는 고슬고슬한 정도
   (물기가 바로 묻지않고
   손으로 꽉 움켜 쥐어야 뭉쳐질 정도)
   여야 한다.
   이렇게해야 고벽돌 타일의
   겉면에 묻어도 얼룩이 생기지 않는다.

② 외장 줄눈 고대로 동시에
   슥슥 눌러서 왕복하며 다듬어 준다.

③ 검정색(거친) 스펀지로 겉면을 털어낸다.
 - 건재 철물점에 판매.

TIP

외장 줄눈제는 보통
백색, 회색, 검정색 등이 있는데
검정색은 특히, 주의해서 시공해야 한다.

- 미장판을 이용하면 편리하다.

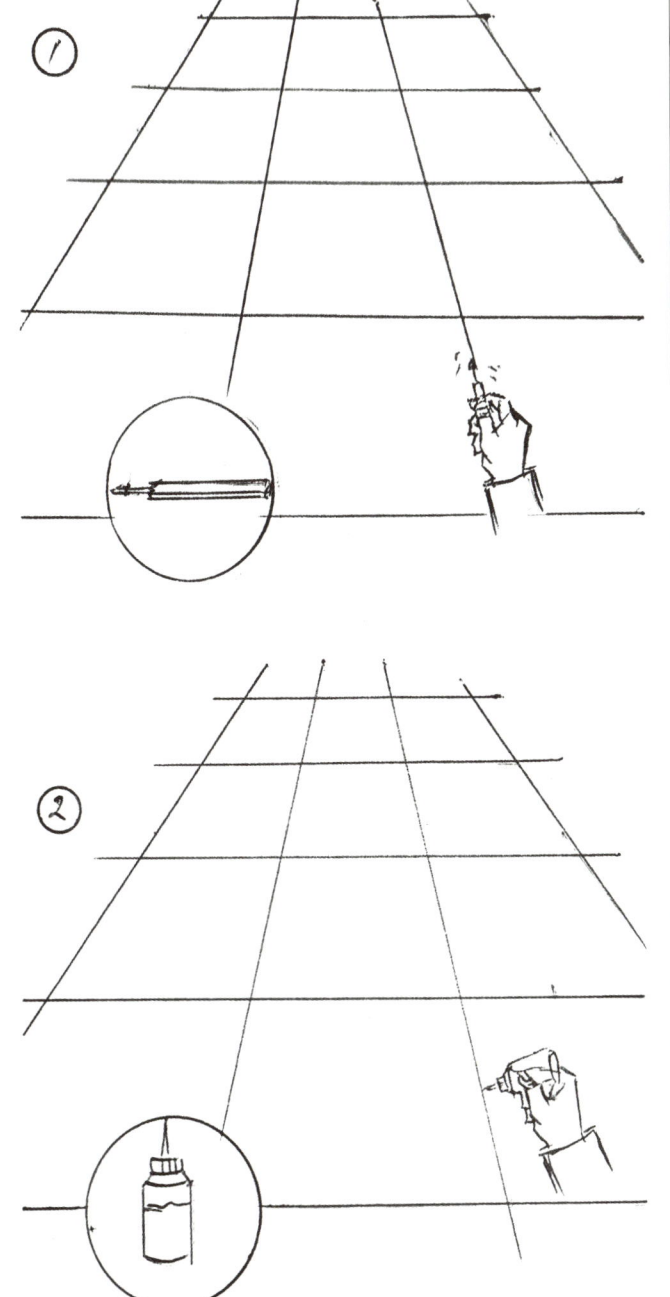

참고

「바이오(펄) 줄눈제 시공」

① 백시멘트로 채운 줄눈을
약 ⅓~½ 정도 긁어내고
타일 줄눈 주변을 깨끗이 청소한다.
- 이때, 헤라를 사용하는 경우는
타일 모서리가 상하지 않도록
더욱 조심해야 한다.
- 그림은 줄눈제거 기구.(수동)

② 주제와 경화제
기타 옵션(색소, 펄)을 혼합한 줄눈 재를
스포이드 통에 덜어서 담은 후
쭉 짜면서 줄눈 홈에 채워 주면 끝.
- 하루 정도면 양생된다.

주의
줄눈 밖으로 흘렀을 경우에는 바로 닦을 것.

TILER

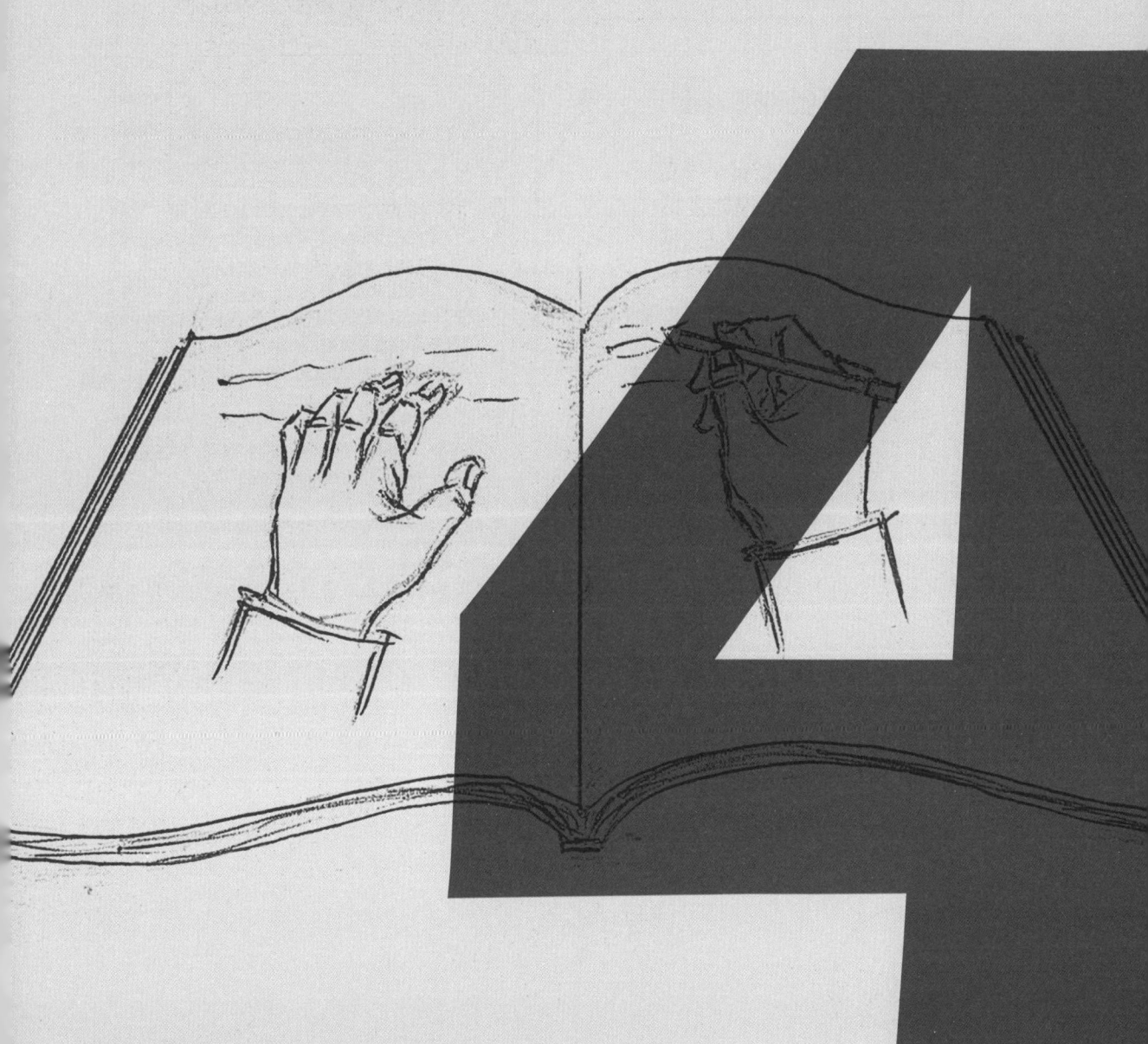

CHAPTER 4 # 집중학습

1. 타일의 시공면에 따른 타일 시공
본 장에서는 시공면에 따른 적절한 타일 접착제의 사용과
그에 알맞은 타일 시공법을 살펴보고,
더불어 각각의 시공 부위에 자주 쓰이는
타일의 종류에 대해서도 학습해 보려고 한다.
(각 시공부위별 시공 면의 상태는 설명의 편의를 위해서
여러 상황으로 가정을 해 본 것이다.)

2. 톱날 고대 & 단차 맞추기

3. 수직·수평 맞추기

타일의 시공면에 따른 타일 시공

타일의 시공면에 따른 타일 시공

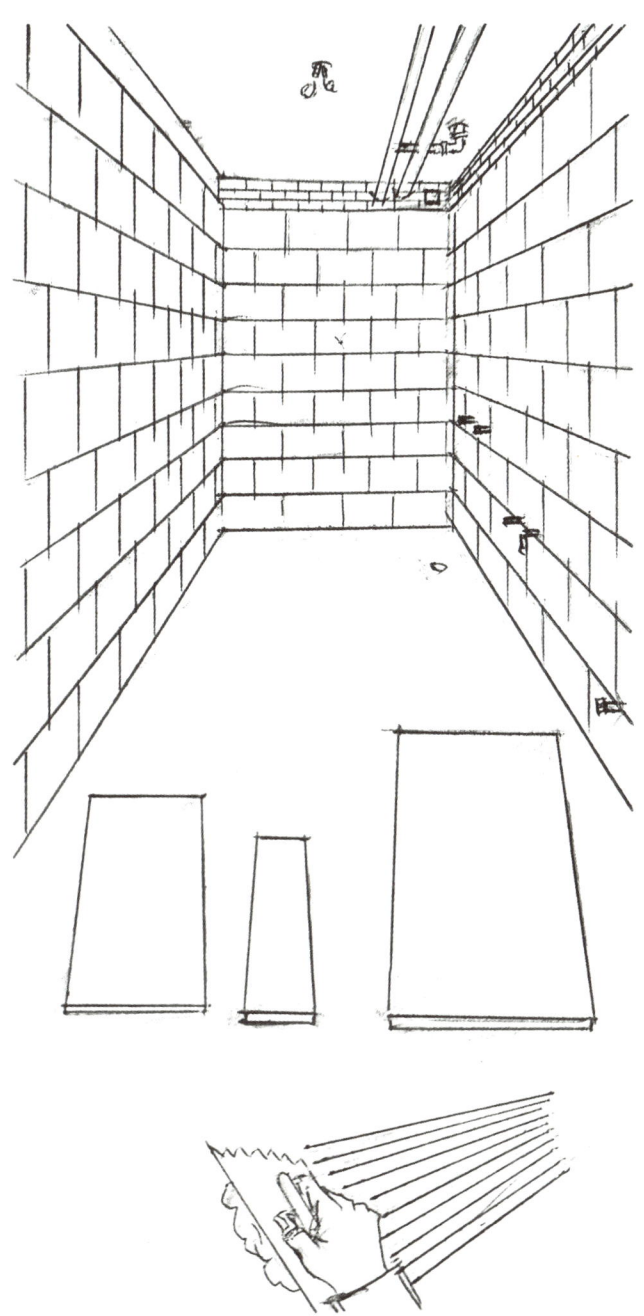

「타일 덧방 벽」
- (예)욕실벽.

추천 타일 및 추천 시공법
① 도기질 타일.(모든 사이즈)

② 자기질 타일, 모자이크 타일.
- 압착 시공.(타일 본드)

③ 포세린 타일 600각 이하.
- 떠붙임 시공.
  (드라이 픽스, 압착 시멘트, 에폭시)
- 특히, 도기질 300×600, 250×400, 포세린 300×600, 600각 타일이 많이 쓰임.

비 추천 타일
- 800×800, 900×900, 600×1200 등 대형 포세린 타일.

금지 시공법
- 떠붙임 몰탈 시공.

집중학습

타일의 시공면에 따른 타일 시공

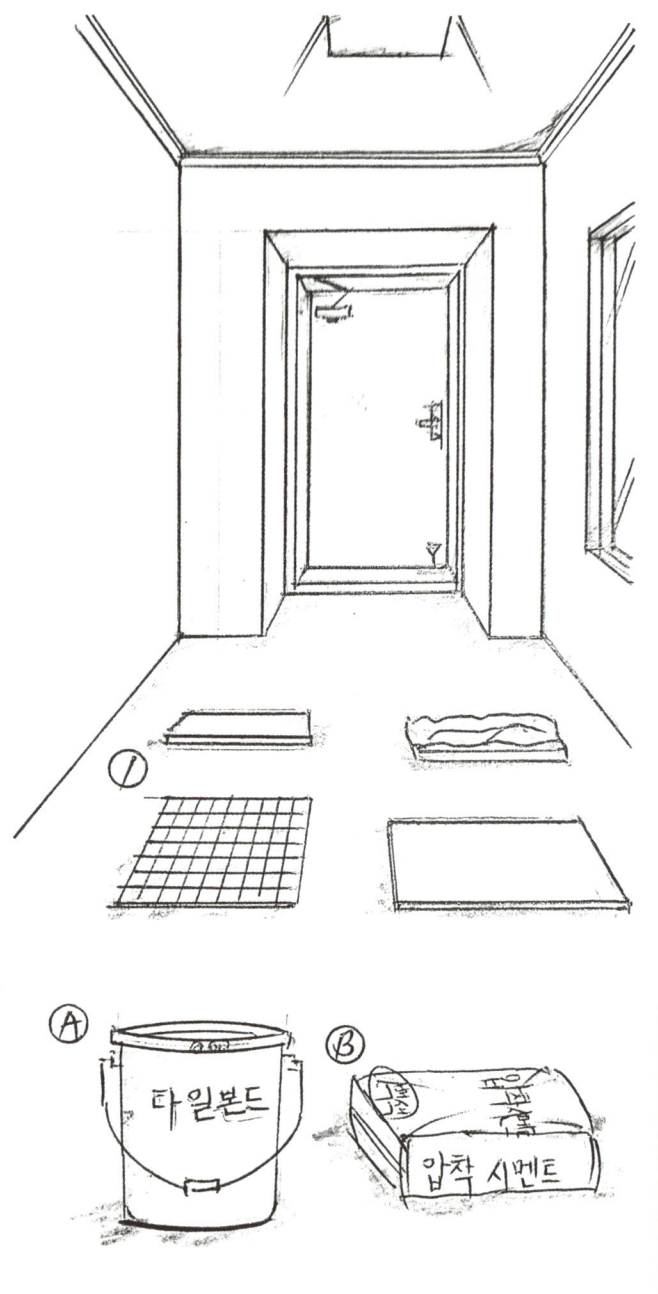

「시멘트(미장) 벽」
- (예)현관벽.

추천 타일 및 추천 시공법
① **도기질, 자기질 타일, 모자이크 타일.**
- 압착 시공.(타일 본드) Ⓐ

② **자기질 타일, 포세린 타일.**
- 떠붙임 시공.
  (드라이 픽스, 압착 시멘트 Ⓑ, 에폭시)
- 특히, 모자이크 타일과 도기질
  300×600, 250×400,
  포세린 300×600 타일이
  많이 쓰이고 간혹 고벽돌 타일도 쓰임.

비 추천 타일
- 대형 타일.

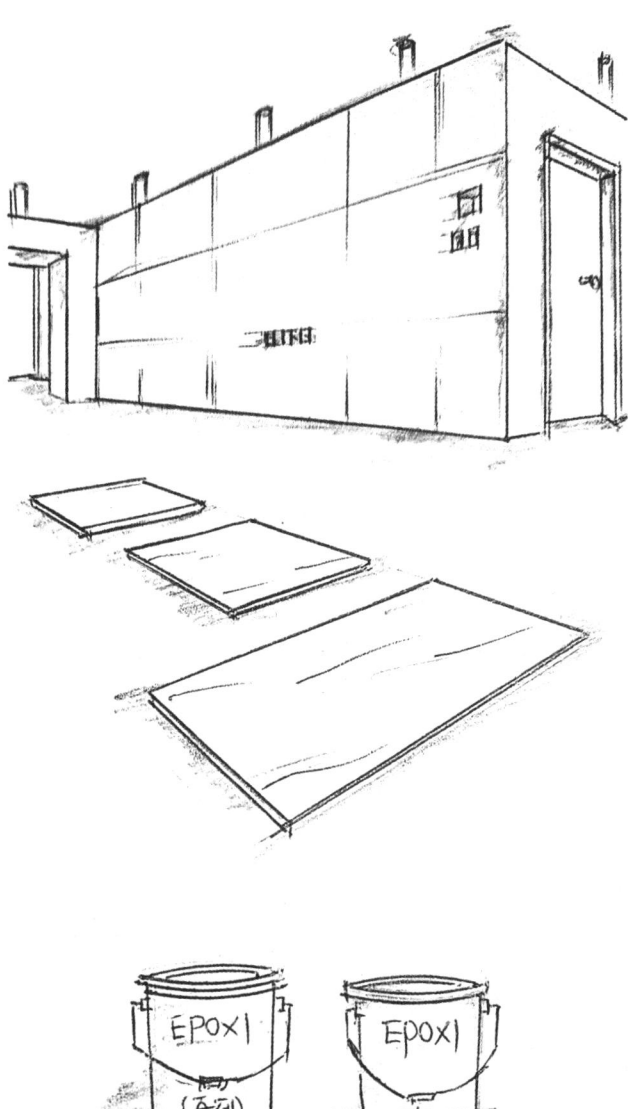

「콘크리트 벽(옹벽)」
- (예)거실 아트 월.

추천 타일 및 추천 시공법
① **도기질 타일, 자기질 타일, 포세린 타일**
- 떠붙임 시공.
  (드라이 픽스, 압착 시멘트, 에폭시)
- 특히, 도기질 300×600,
  포세린 300×600, 포세린 600각,
  600×1200, 900×900 타일이
  많이 시공됨.

비 추천 타일
- 모자이크 타일, 소형 타일.

비 추천 시공법
- 본드 시공.(시공 면이 안 좋음,
  무거운 타일을 많이 씀)

금지 시공법
- 떠붙임 몰탈 시공.

타일의 시공면에 따른 타일 시공

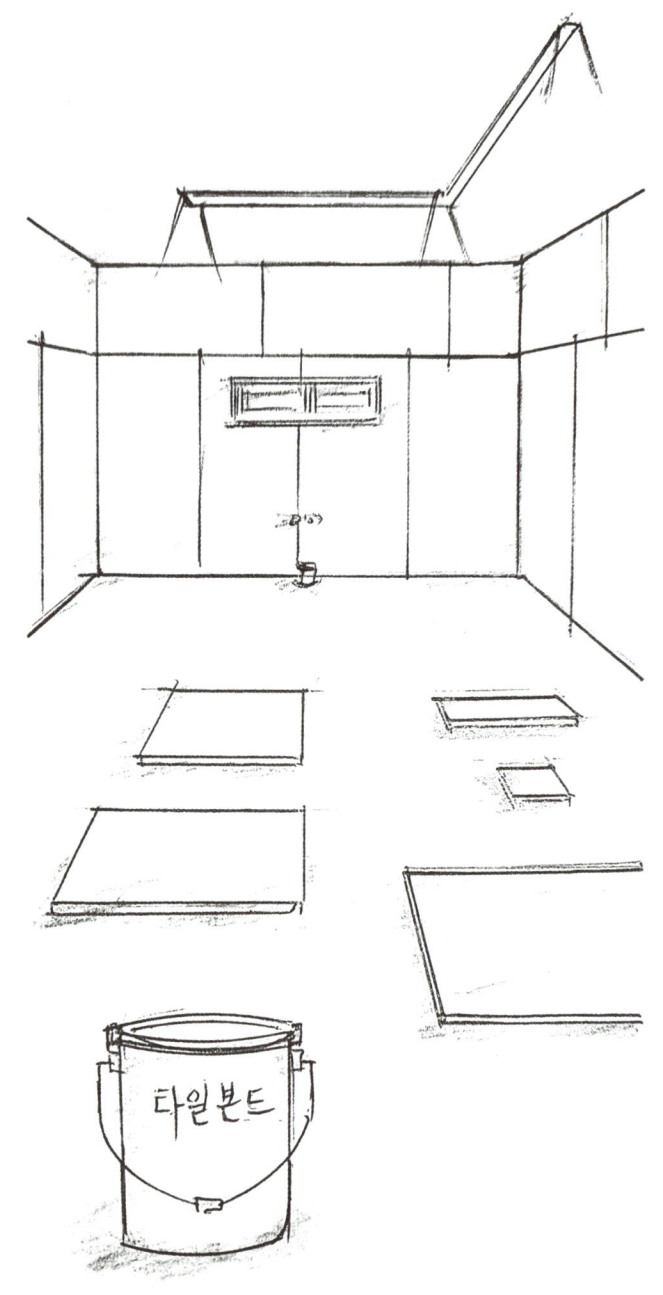

「방수 석고벽」
- (예)주방 벽.

추천 타일 및 추천 시공법
① 도기질, 자기질 타일.
 - 압착 시공.(타일 본드)

② 포세린 타일.
   (소형, 300×600 이하 사이즈)
 - 떠붙임 시공.(에폭시)
 - 특히, 도기질 100×300, 300×600, 포세린 300×600 등이 많이 쓰이고, 시공 면이 견고할 경우에는 포세린 600각, 900각, 600×1200 사이즈도 많이 시공된다.(에폭시 시공)

비 추천 타일
- 무광이면서 거친 타일, 파벽, 고벽돌 타일.
  → 청소가 어려움.

금지 시공법
- 떠붙임 시공 중 드라이픽스, 압착 시멘트, 떠붙임 몰탈 시공.

「페인트 벽」
- (예)세탁실 벽.

페인트 면에 타일 시공 시에는 많은 주의가 필요하다.
- 특히, 군데군데 페인트가 벗겨진 상태는 특히 주의.

① 이 경우에는 페인트를 철 헤라등으로 최대한 벗겨낸 후 타일 시공 하는 것이 좋다.
(게링 작업이라고 부름)

② 도배지가 붙어 있는 면도 똑같은 원리다.
(일반 석고로 시공된 면도 석고 보드의 종이 부분 때문에 동일한 위험)

타일의 시공면에 따른 타일 시공

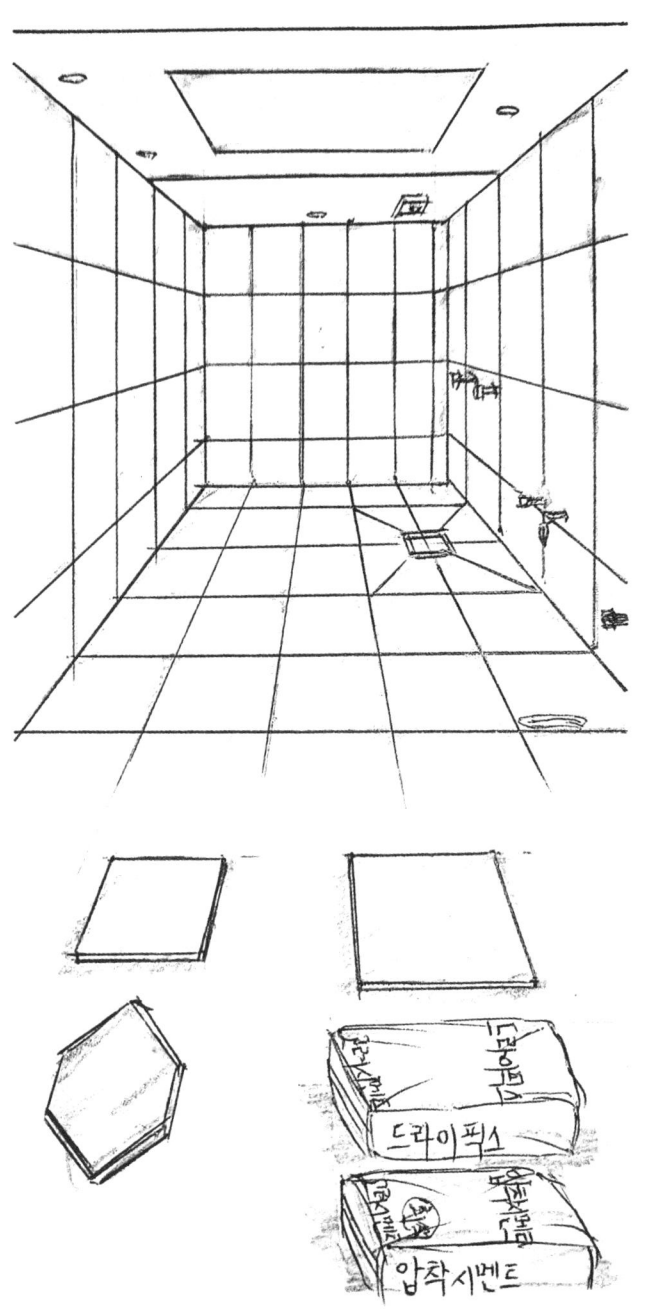

「타일 덧방(바닥)」
- (예)욕실 바닥.

추천 타일 및 추천 시공법
① 자기질 200×200, 300×300,
   포세린 600×600, 모자이크 타일,
   헥사곤 타일.(논슬립)
- 압착 시공.(압착 시멘트, 드라이 픽스)

비 추천 타일
- 시다지 시공.
  (부득이한 경우는 기존 타일 면에
   충분한 크랙을 만든 후
   시공하는 것을 추천)

금지 타일
- 도기질 타일.
  (모든 바닥 사용 금지 → 약함)

금지 시공법
- 타일 본드 시공.
  (모든 바닥에 시공 금지
   → 약하고 물에 녹음)

「시다지 바닥」
- (예)발코니 타일.

추천 타일 및 추천 시공법
① **자기질 쪽 타일, 200각, 300각, 포세린 600각 무광.**
- 압착 시공.(압착 시멘트, 드라이 픽스)
- 노릿물 시공.(백 시멘트)

비 추천 타일
- 유광 타일.(미끄러짐)

금지 시공법
- 떠붙임 시공.

집중학습

타일의 시공면에 따른 타일 시공

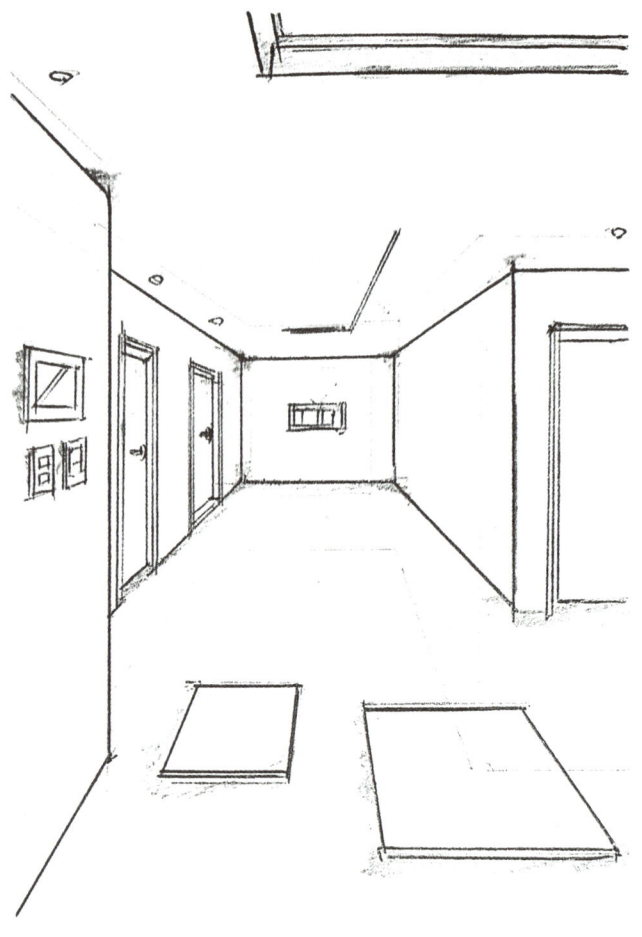

「시멘트 바닥」
- (예)거실 바닥.

추천 타일 및 추천 시공법
① **자기질 타일, 포세린 타일.**
- 압착 시공.(압착 시멘트, 드라이 픽스)

주의
600각 이상의 대형 타일 시공 시에는 백 시멘트를 혼합하지 않는다.(강도 때문)

TIP
실내의 바닥 타일 시공 시에는 '난방용 드라이 픽스' 사용.

- 거실 바닥은 폴리싱(유광) 600각과 반광 포세린 타일을 주로 시공한다.
(→ 면이 거칠면 청소가 어려움)

- 타일로 걸레 받이 까지 시공 시에는 두께 80mm 정도로 시공.

금지 시공법
- 떠붙임 시공.

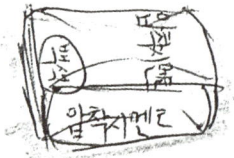

TIP

시공 면에 따른 타일 시공

■ **기타면 – 합판, 금속, 결로벽, 일반 석고 면 등.**

모든 타일 시공 면에 타일 시공 전, 시공 면의 특성 (흡수성 등)과 자재·부자재,
그리고, 타일 시공법의 원리를 바탕으로 판단하면
어떤 부자재로 어떻게 시공할지 금새 찾을 수 있다.

→ 가령 금속면이라면 시멘트 계열이 아닌 타일 본드나 에폭시 계열을 선택.

톱날 고대 & 단차 맞추기

톱날 고대 & 단차 맞추기

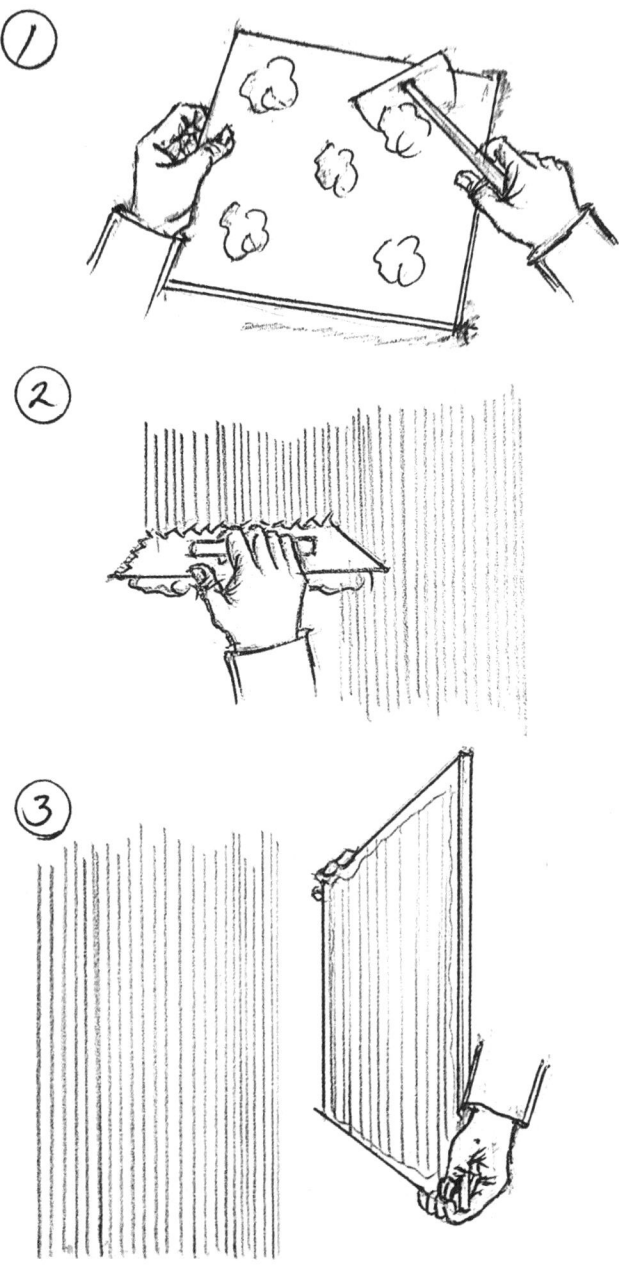

「타일 접착제를 사용하는 세 가지 시공 법」

① **타일에 떠 올려놓고 붙이기.**
 - 떠붙임 몰탈 시공.
 - 에폭시 시공.

② **시공 면에 펴 바른 후 시공.**
 - 타일 본드.

③ **시공 면에도, 타일 면에도 바른 후 시공. (개량 압착 시공)**
 - 압착 시멘트 시공 시 가끔 시공.

톱날 고대 & 단차 맞추기

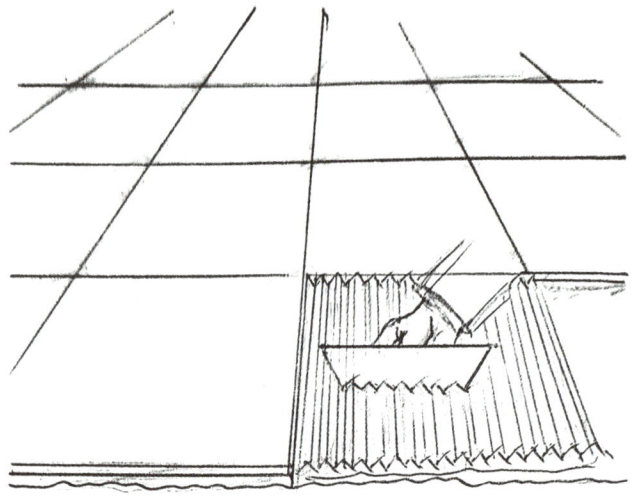

「톱날 고대의 기능」

이 중에서 시공 면에 접착제를 도포 시에 사용되는 기구가 톱날 고대이다.

이름처럼 이 톱날 고대는
시공 면의 접착제를
마치 톱날 모양으로 만들어 준다.

이 때문에 타일 시공 시 접착제가 펴지면서
타일이 압착되어 지는 것이다.

이러한 톱날 고대의 능숙한 사용은
시공 시간을 줄여주고
퀄리티도 높여주게 된다.

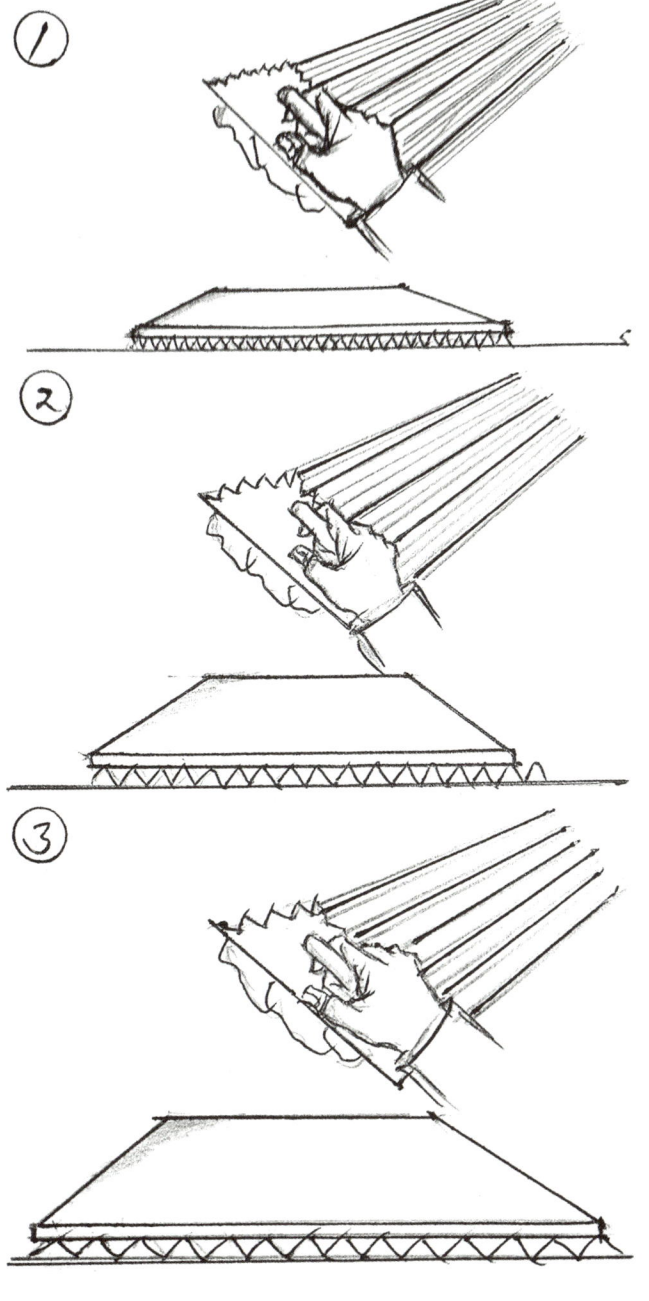

「톱날 고대의 종류」

톱날 고대는 톱날의 크기에 따라 6~8개 종류 정도의 제품이 있다.

① 가는 톱날의 제품은 본드 시공, 가벼운 타일, 시공면이 반듯한 경우 주로 사용한다.

② 중간 톱날의 제품은 주로 일반적인 벽타일 시공시에 주로 사용한다.

③ 굵은 톱날의 제품은 무거운 타일이거나 단차를 잡기 어렵거나 바닥 시공 시에 주로 사용한다.

톱날의 기능을 생각해보면 쉽게 이해할 수 있다.

집중학습

톱날 고대 & 단차 맞추기

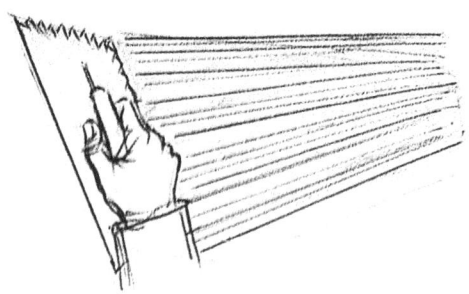

「올바른 톱날 고대 사용법」

① 톱날 고대는 보통 시공 면과 30~45도 정도의 경사각을 유지하며 끌어 당긴다.

② 미리 시공 면에 충분한 양의 접착제를 떠 놓고 고대질 후 다시 남은 것을 회수.
  - 이렇게해야 톱날 라인(접착제의 골)이 끊기지 않고 예쁘게 시공된다.

③ 톱날 고대에 묻은 본드는 바로 바로 걷어내서 톱날 고대를 항상 가볍게 만든다.

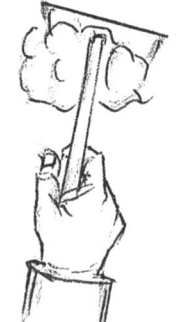
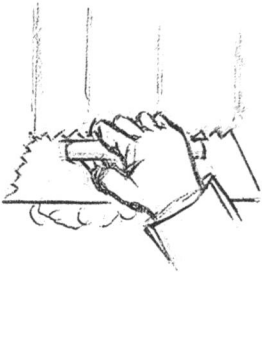
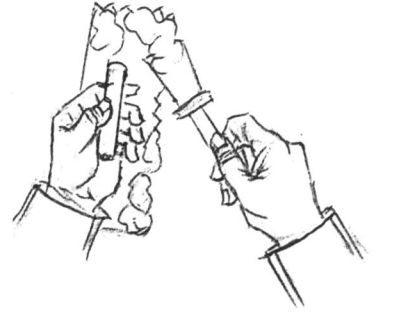

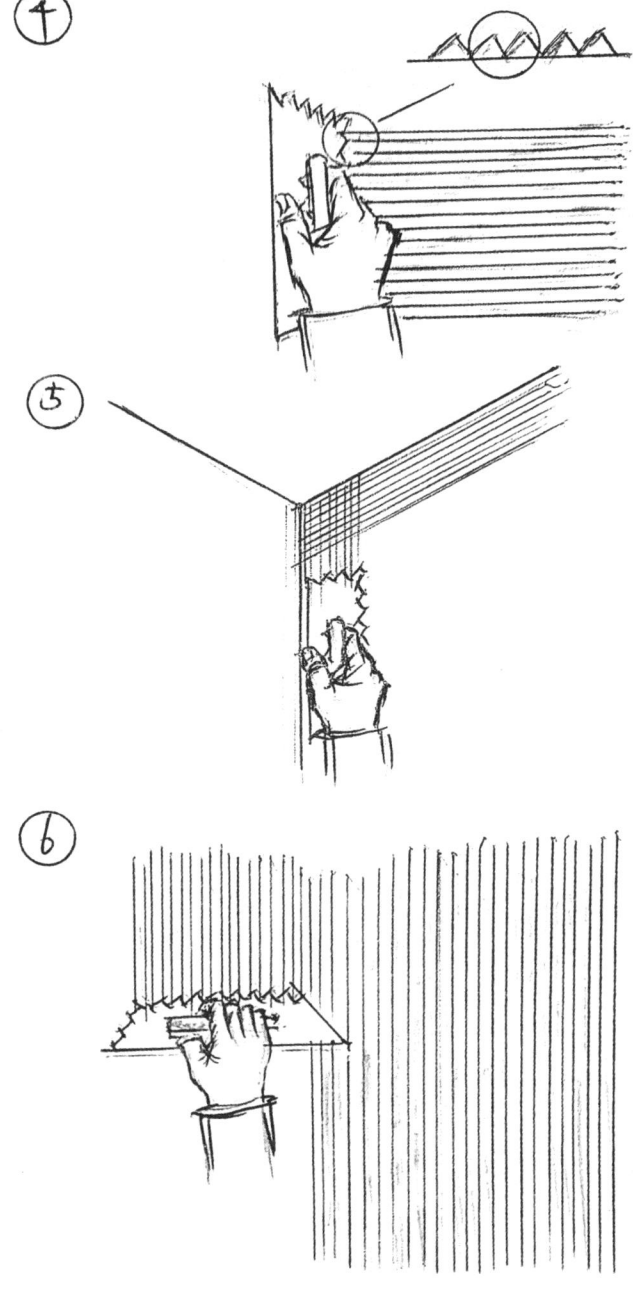

④ 톱날 고대가 항상 시공 면에
   닿도록 한다.
   - 단, 고의적인 띄움 시공 시에는 예외.

⑤ 코너면의 시공은
   톱날의 앞부분을 이용한다.

⑥ 어느 정도 고대질을 한 후 마무리 할 때
   에는 크게 크게 고대를 당겨준다.
   - 이렇게하면 거리가 떨어져 있는
     시공 면과도 본드(또는 접착제)의
     도포량이 비슷해져서
     단차를 잡기 용이하다.

집중학습

톱날 고대 & 단차 맞추기

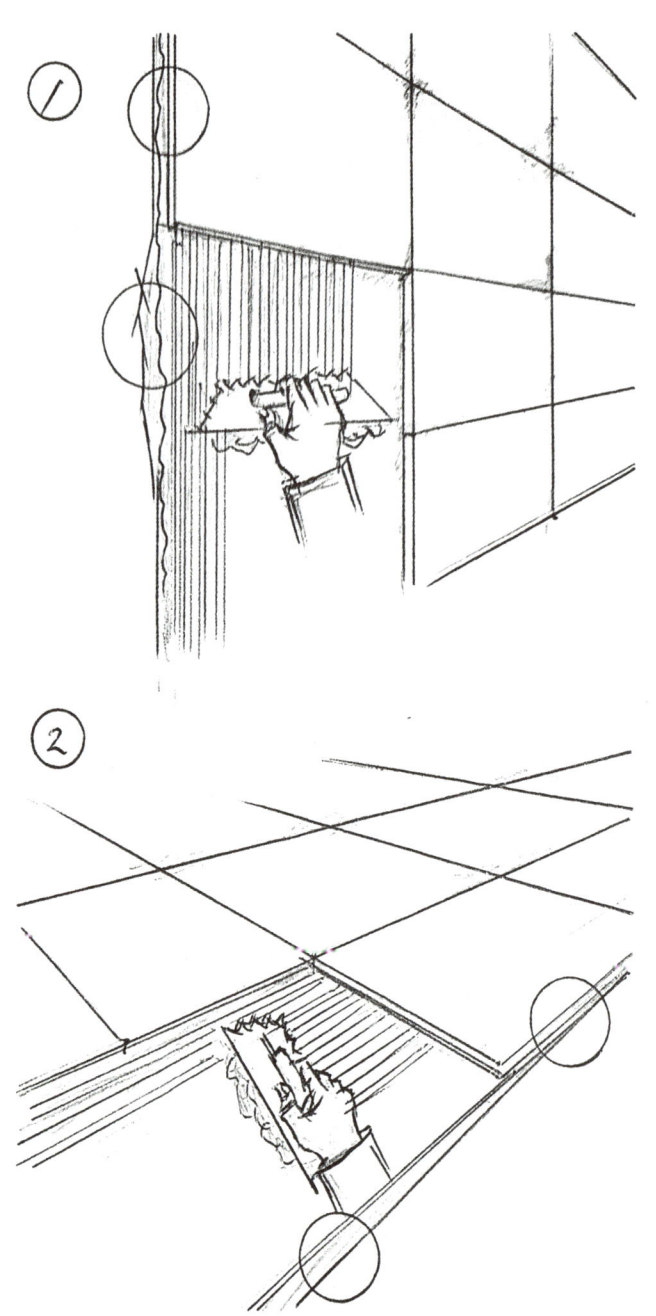

「띄움 시공 ❶」

① 처럼 접착제의 도포 부위 시공 면이
   두꺼워지거나,

② 처럼 바닥 경사를 잡기 위해
   접착제 두께를 늘려가는 경우에는
   어쩔 수 없이 띄워서 시공을 해야 한다.

이런 경우에는 접착제의 농도와
톱날 고대질의 기준점이 특히 중요해진다.

주의
단, 이렇게 불가피한 경우라도
최소한 '양생'에 문제가 생길 만큼의 두께로
시공해서는 안된다.

- 그런 경우에는 별도의 기초 작업 후 시공
- 특히, 본드 시공시에 더욱 주의.

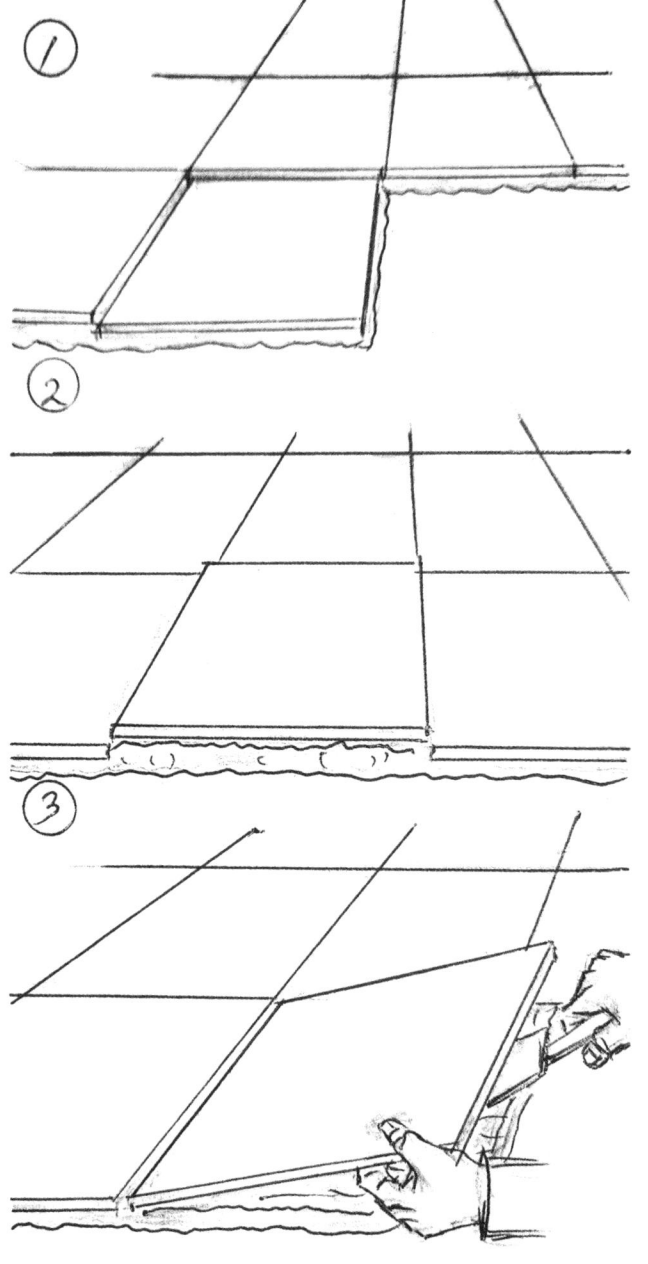

「띄움 시공 ❷」

① 은 접착제를 너무 적게 놓은 경우.

② 는 반대로 접착제 량을
  너무 많이 넣어서
  아무리 고무 망치질을 해도
  들어가지 않는 경우다.
 - 이런 경우에는 시공 시간이
   길어지게 되고, 퀄리티도 낮아지며
   시공자의 체력 고갈도 심해지게 된다.

집중학습　　　　　　　　　　　　　　　　　　　174

톱날 고대 & 단차 맞추기

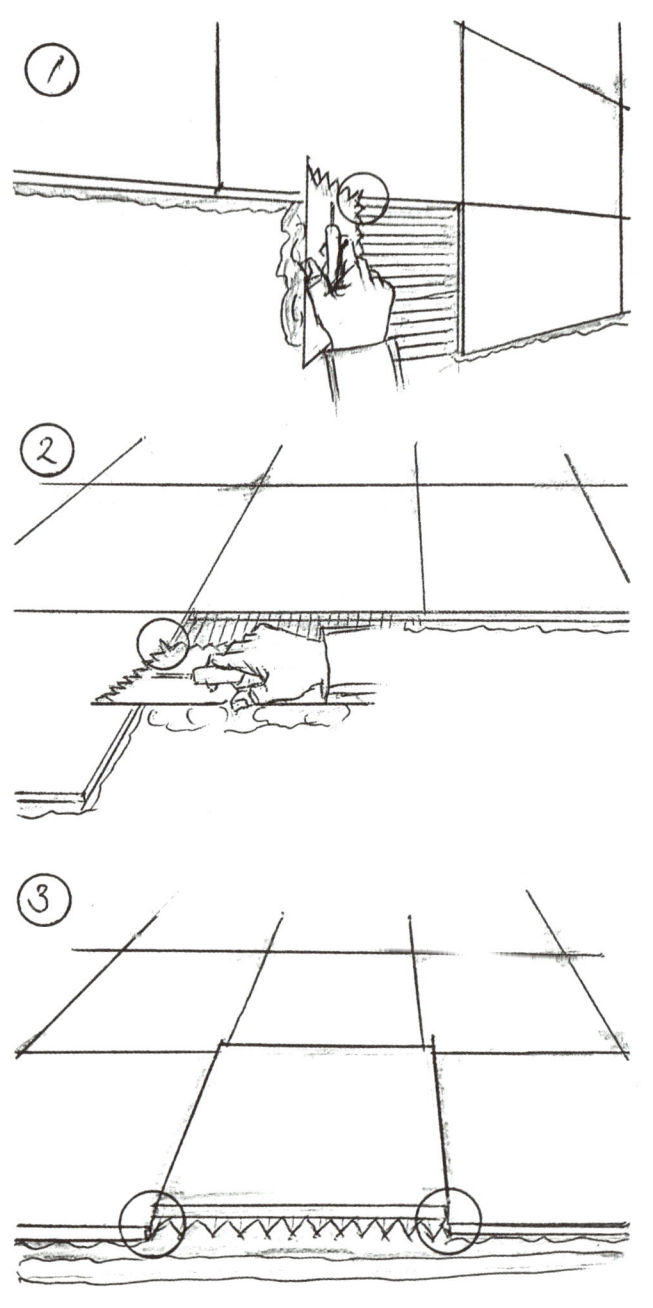

「띄움 시공 ❸」

띄워서 고대질을 할 경우의 기준은
옆 타일 즉, 먼저 시공된 타일 면을
이용하는 것이 좋다.

①과 ②처럼
이미 시공된 타일 면을 기준으로 긁어서
③처럼 기존 타일 면보다
일정 높이만큼 균일하게 높이를 만든다.

이후, 망치(고무 망치) 질을 하면
거의 들어 맞는다.
- 이 부분은 여러 번의 반복 훈련과
  '감'이 중요하다.

주의
'단차'는 고무 망치질을 한 이후
시공 면에 완전 압착했을 때를
기준으로 하기 때문에
'살살' 붙여놓고 단차를 맞추는 것은
절대 금한다.

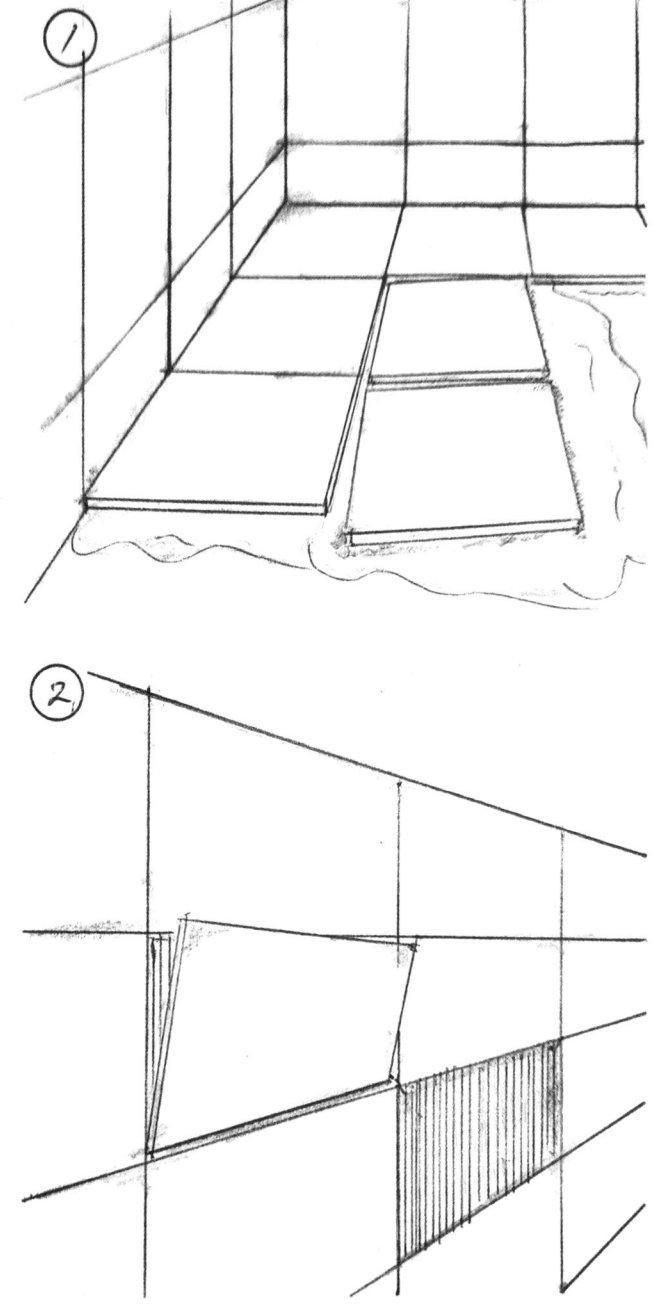

「접착제의 농도」

① 너무 묽어서 타일이 '유동 현상'.

② 너무 빨리 양생되서
   '겉마름 현상'으로 타일 이탈.

「일반적으로 접착제의 알맞은 농도는 '된 죽' 정도이다」

① 의 경우는 톱날 고대질을 해도
   바로 톱날 모양의 골이 메워져 버리고,

② 의 경우에는 다시 톱날 고대질
   자체가 되지 않는다.(부서져 내림)

집중학습

톱날 고대 & 단차 맞추기

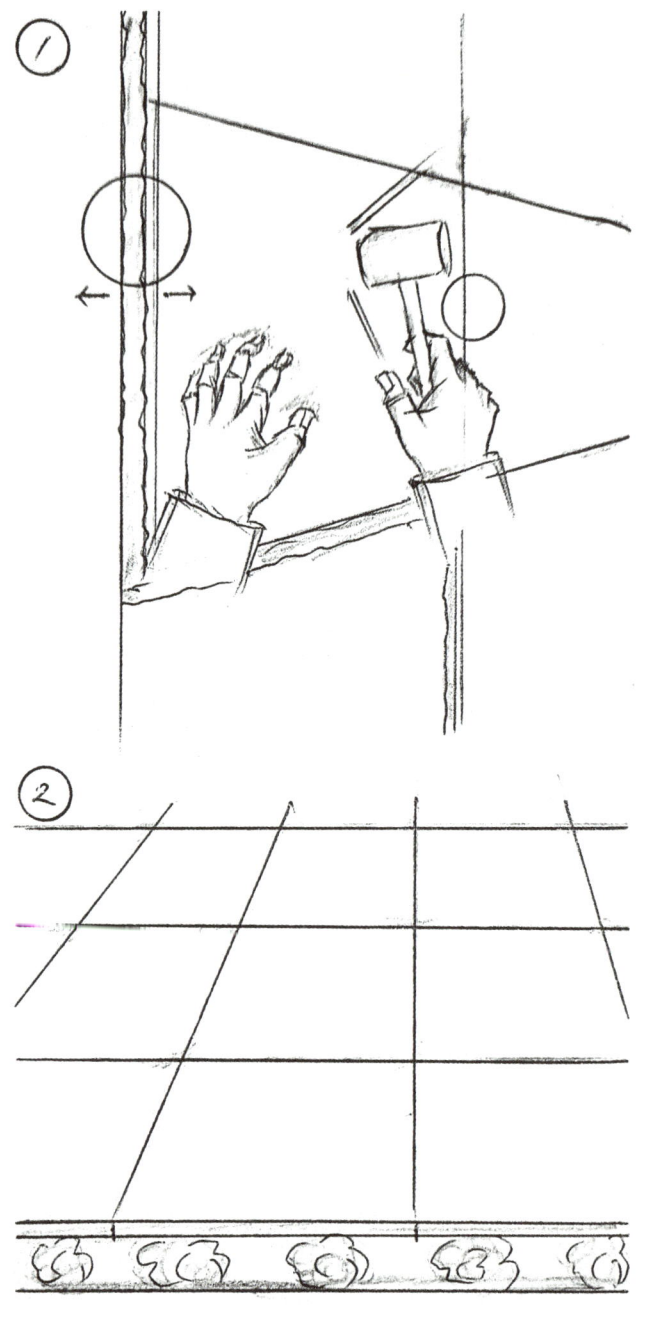

「전면 압착」

① 떠붙임 시공이나 에폭시 시공을 제외하고는 대다수의 경우 접착제가 타일과 시공 면 사이에 '전면' 압착 되는 것이 좋다.
또, 모든 접착제는 수축 팽창을 하기 때문에 고무 망치로 두들기면서 전면 압착을 시켜줘야 나중에 쉽게 단차가 생기지 않는다.

② 간혹 그림처럼 바닥면에도 떠붙임하듯 시공하는 경우가 있는데 이것은 대단히 위험하고 잘못된 시공이다.

바닥은 특히 더 더욱 전면 압착 시공을 해야 하중을 견디는 강도가 생긴다.

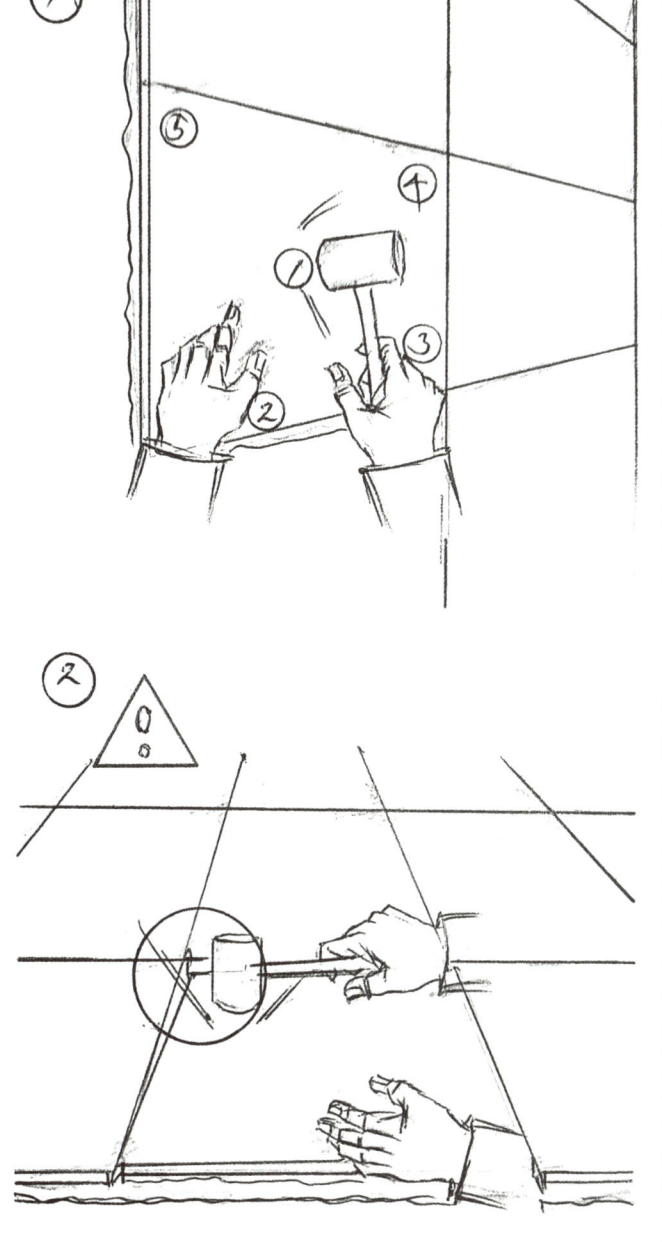

「고무 망치」

타일의 단차를 맞추는 것과 동시에 타일을 시공 면에 견고히 압착시키는 역할을 하는 것이 고무 망치이다.

① 고무 망치는 보통 그림과 같은 순서로 살살 → 점점 강하게 친다.

주의
강도가 약한 도기질 타일의 경우에는 파손 주의.

② 처럼 한번에 너무 세게 쳐서 푹 들어가면 결국 그 타일을 다시 시공해야 된다.

결국, 적당한 두께의 톱날 고대로 접착제를 도포한 곳에 고무 망치로 세게 두들겨서 완전 압착을 견고히 시키면서도 단차가 전혀 없는 타일 시공
그것이 '베스트 시공'인 것이다.

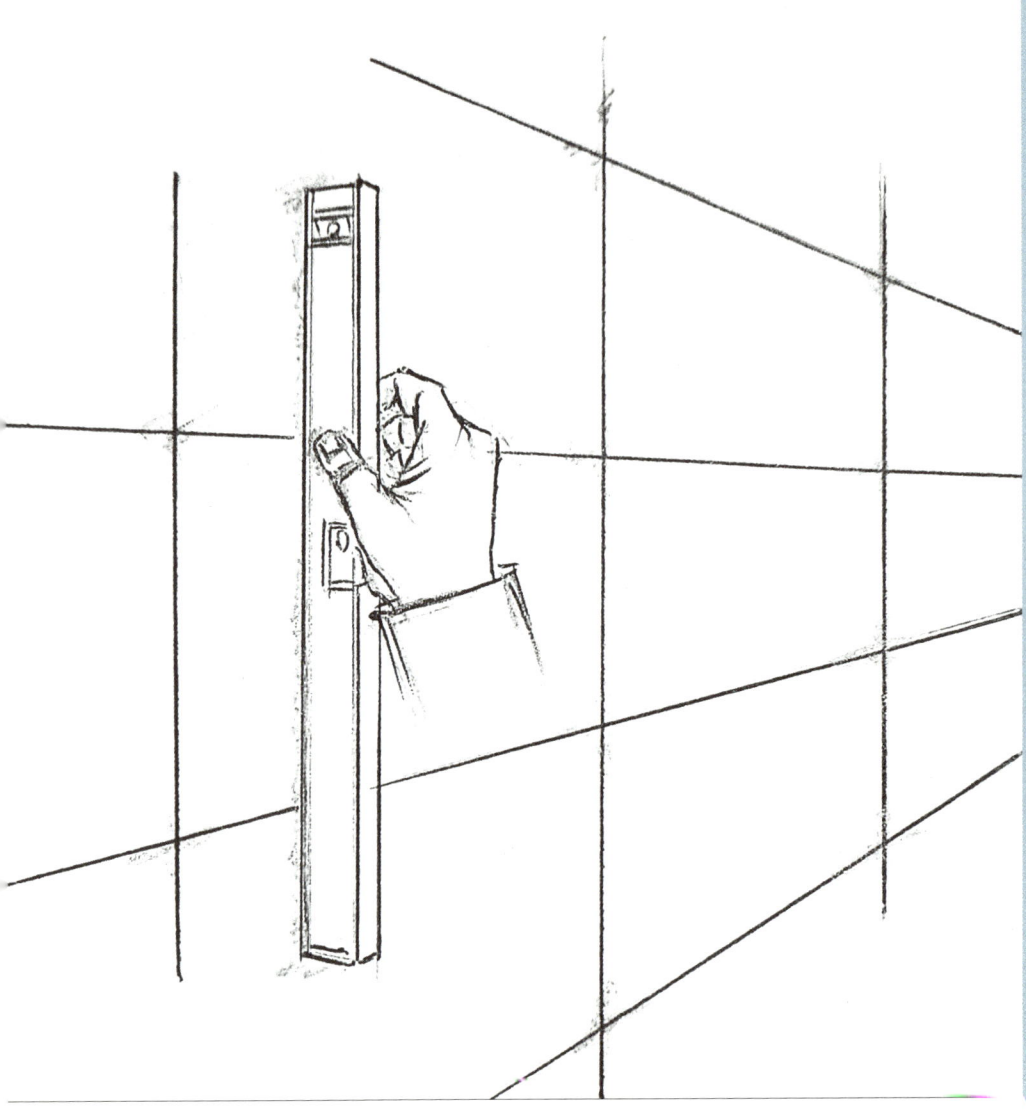

수직·수평 맞추기

타일 시공 시 수직면·수평면 맞추기와 메지 간격 유지의 중요성

수직·수평 맞추기

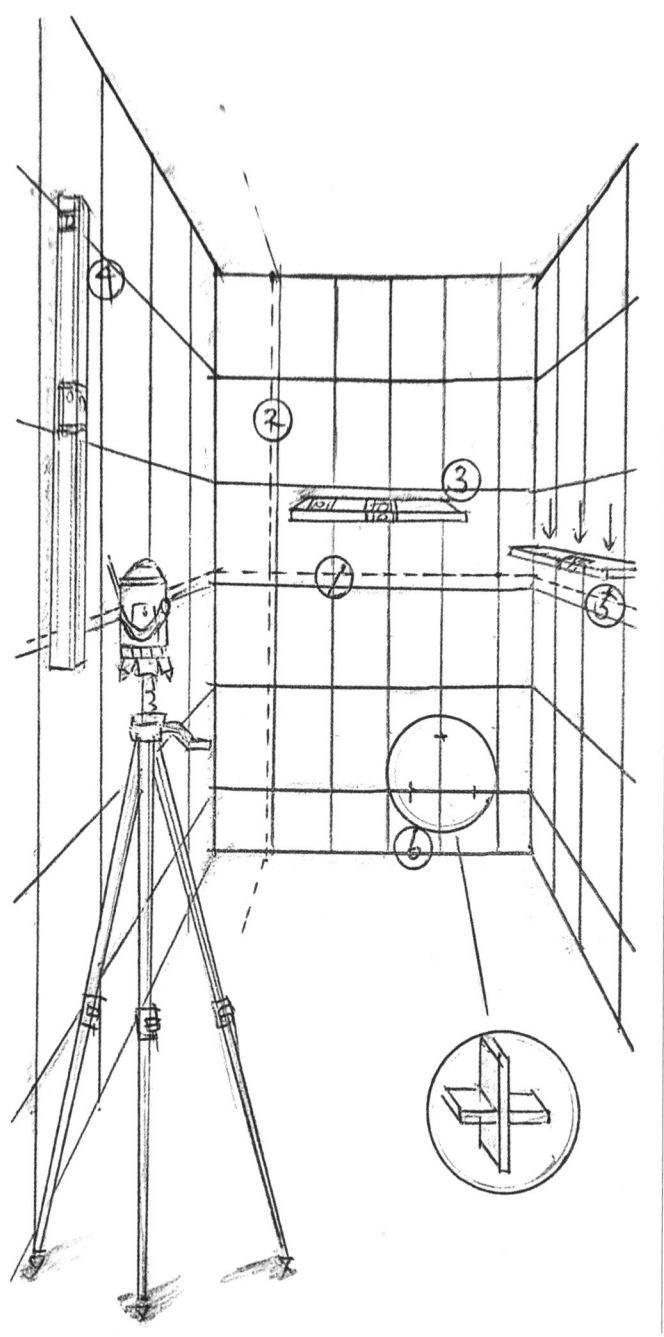

「벽 수평」

수평 보기는 타일 시공의 가장 기본이다.
예전에는 떠붙임 시공 위주여서
'실 띄우기'로 수직 수평을 맞추었지만,
지금은 레이저 레벨기와
수평대를 많이 쓴다.

① 레이저 레벨기 수평.

② 레이저 레벨기 수직.

③ 수평대로 수평 보기.

④ 수평대로 수직 보기.

⑤ 수평 뿐 아니라 화살표의 면이
   모두 벽에 밀착되어 있는지를
   확인 함으로써 타일의 가로 세로 정렬
   (데꼬보꼬)을 맞추게 도와줌.

⑥ 십자 쿠사비로 줄눈 간격을 동일하게
   시공하면 수평을 맞추기가 더 쉽다.

수직·수평 맞추기

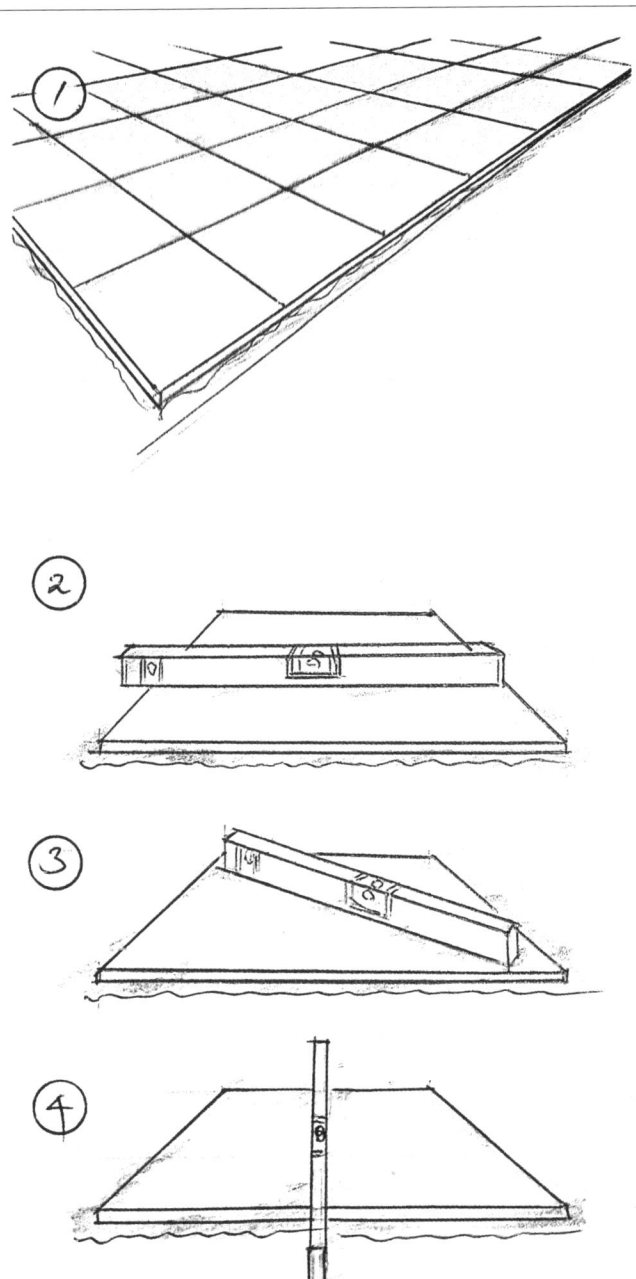

「바닥 수평 맞추기」

특히 ①처럼 바닥이 기울어져 있어서
접착제의 양이 더 들어갈 때가
문제가 되는데
이런 경우, 경사도가 작을 때는
접착제의 두께로 수평을 맞춰나가고
경사도가 클 경우에는
아예 일정 부분 덧방(폐타일 사용)이나
시다지 시공을 하는 편이 낫다.

②, ③, ④처럼 바닥 타일 자체의 수평이
사면으로 계속 잘 맞춰서 시공되어야
전체바닥의 수평이 맞춰지는 것이다.

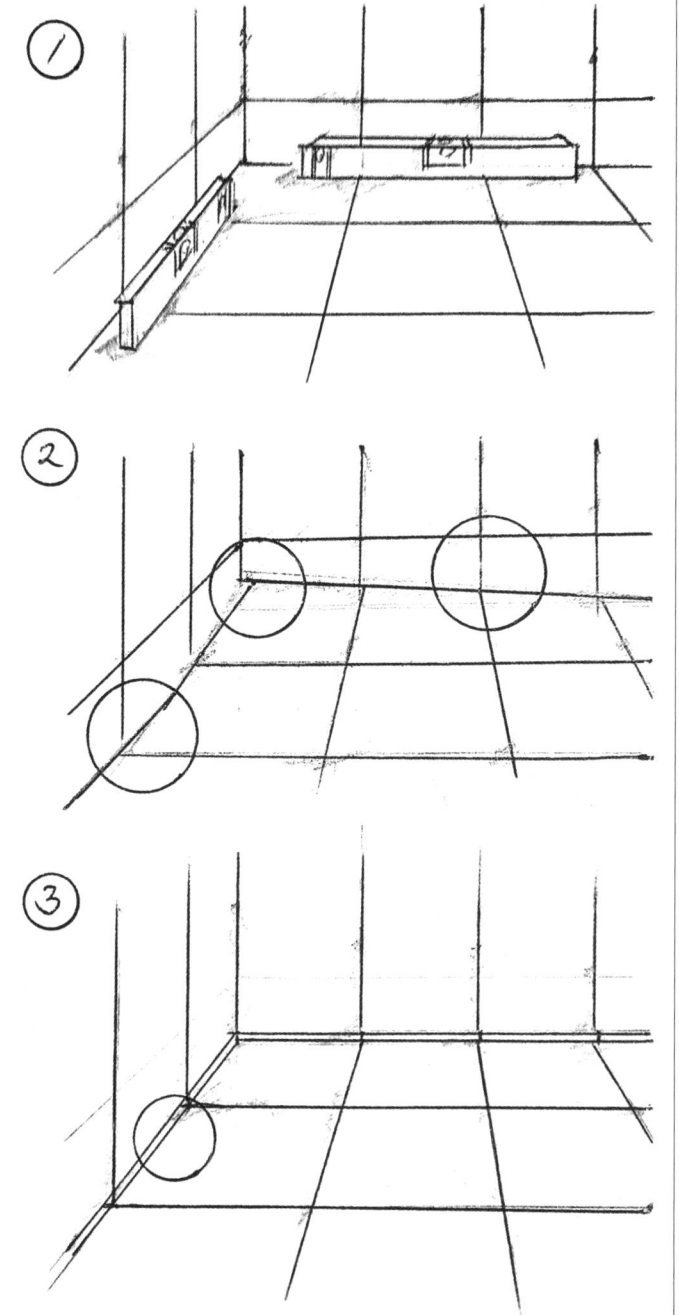

「최하단 타일」

타일은 거의 모든 경우에
맨상부 부터 온장 시공을 하기 때문에
맨하단은 커팅된 타일이 들어가게 된다.
이 때문에 타일 시공 퀄리티에
중대한 역할을 하게된다.

① 가장 기본적인 마감 형태.

② 바닥과 닿은 최하단 타일의 사이즈가
　균일하지 않고 기울어짐.
　　→가장 나쁜 시공.
 - 이렇게 되지 않기 위해서는
　①처럼 각사면의 바닥 수평을
　최대한 맞추어야 한다.

또한, ③처럼 맨하단 타일이
작은 조각으로 들어가도 예쁘지 않아서
메지 간격 등으로
사이즈 조절하는 것이 낫다

집중학습

수직·수평 맞추기

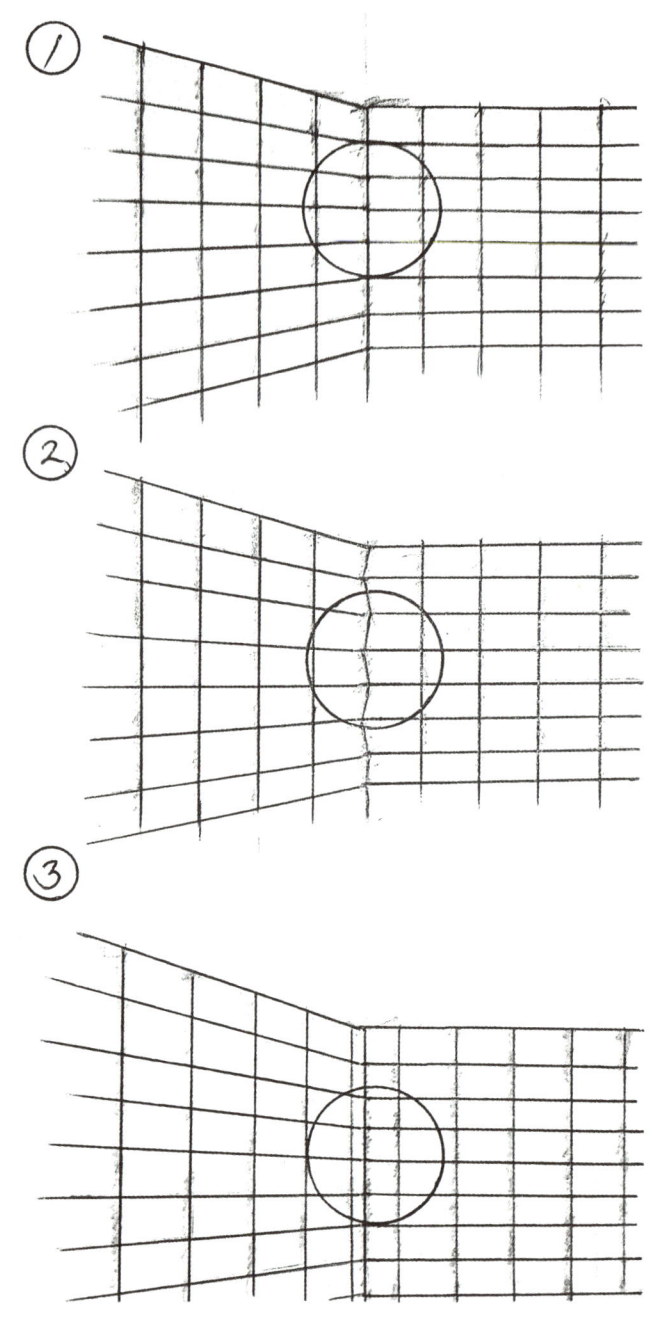

「코너면 맞추기」

① 코너면은 타일의 퀄리티를 평가하는 제 1순위 요소다.
(이 부분은 타일 메지가 깨지는 경우도 있기 때문에 보통은 항균 실리콘으로 마감해준다.)

② 이처럼 코너 면이 울퉁불퉁해지면 재시공 사유.

③ 또한 타일이 코너면을 넘어갈 때 잘린 타일로 넘어가게 되면 이후 옆면의 시작 타일을 잘린 나머지 부분으로 시공하는 것이 좋다.
- 온장의 느낌을 살림.
- 타일 시공 시에는 이 모서리 면이 곧고 바르게 보이도록 시공!

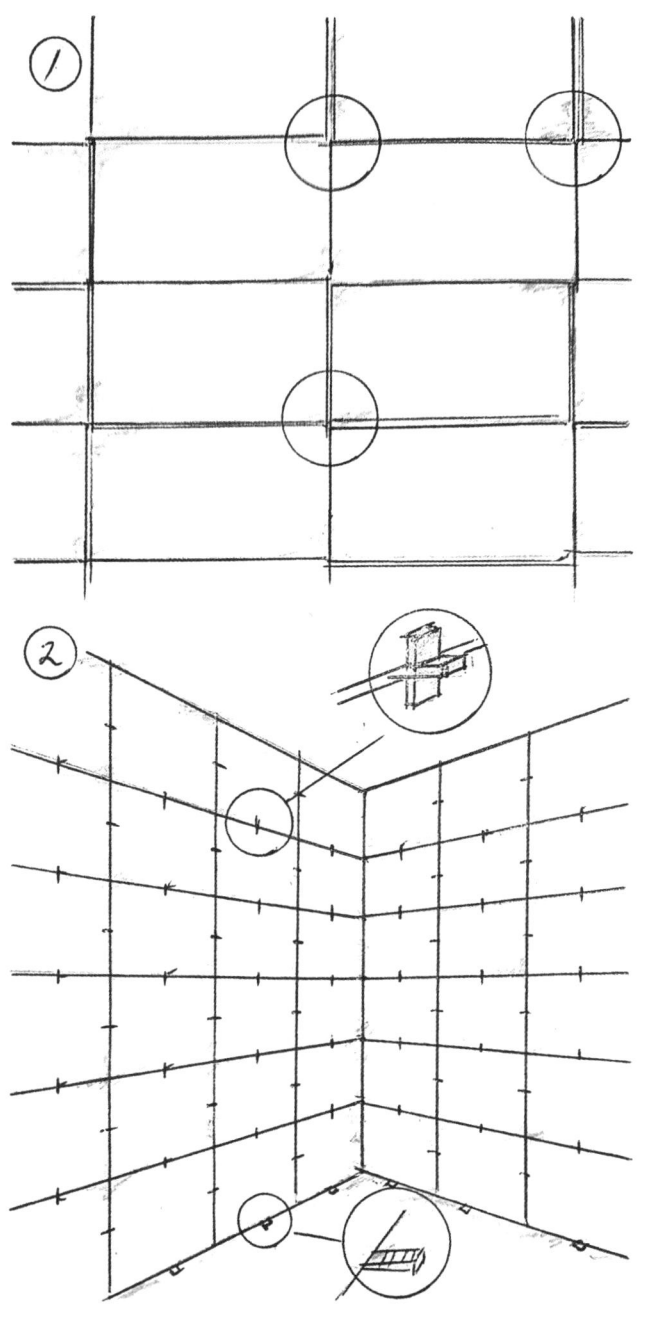

「메지 간격의 중요성」

타일의 사이즈는 대개 거의 같다.
만약 기준장 타일의 수직 수평이 맞다면
그 이후 타일들의 수직과 수평은
결국 메지 간격과 밀접하게
연관 될 수 밖에 없는 것이다.

그래서 ①과 같이 메지 간격의
불균일로 인한 하자를 예방하고,
시공 면 전체의 수직·수평을 맞추려면
②처럼 쿠사비(스페이스)를 꼽으면서
타일 시공을 하기도 한다.
　- 타일 사이는 십자,
　　그 외에는 일자 쿠사비 사용.

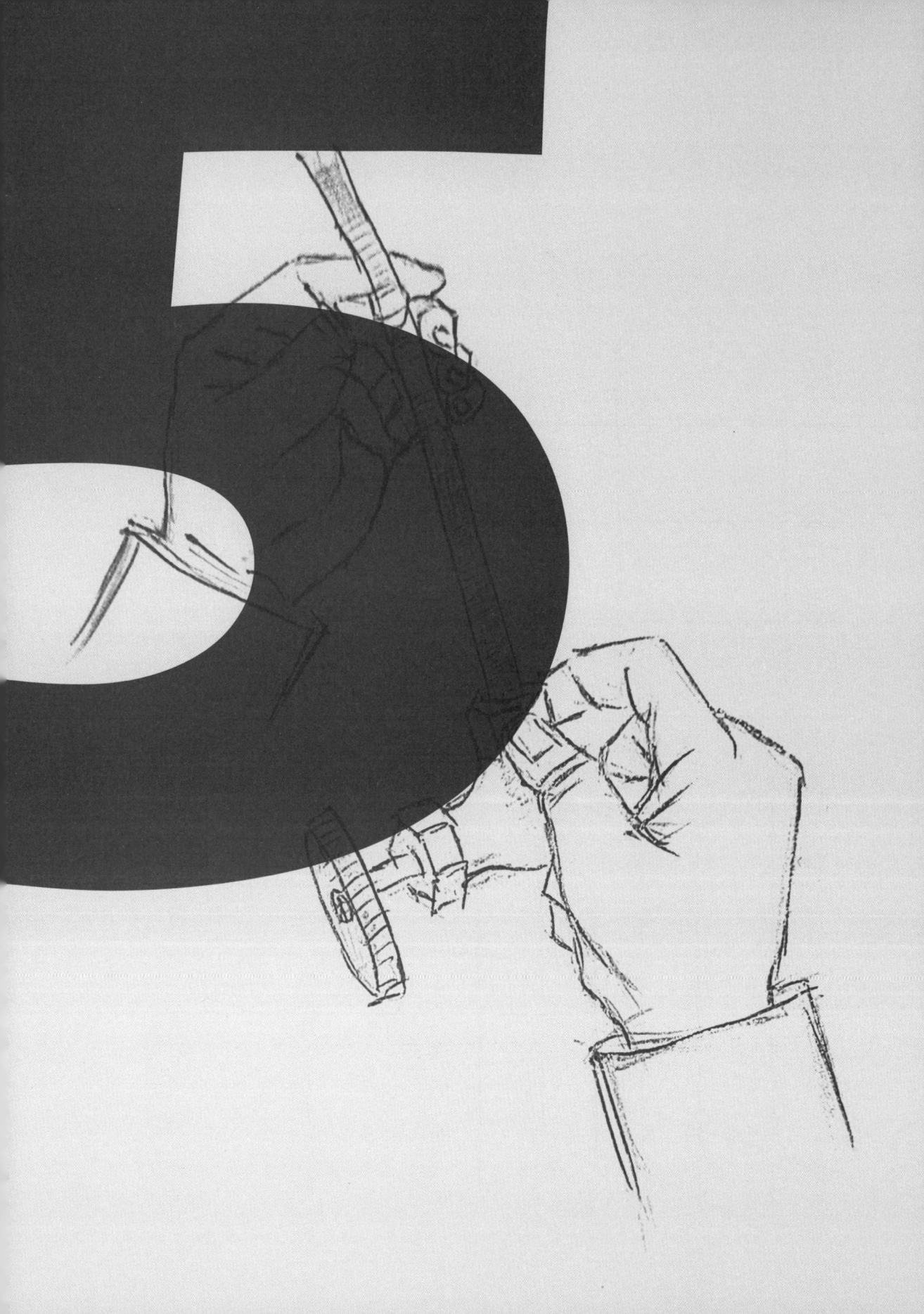

CHAPTER 5 기타 관련 시공

타일 시공과 관련된 소소한 기술들

타일도 전체 인테리어 공정 중 하나이기 때문에
타 공정기술과의 연계성을 부정하기 힘들다.

현장에서는 가끔
- 단도리가 덜 된 시공 면을 정리하고 메꾸라(밀봉)을 해야 하는 경우도 있고
- 전기선 이전을 도와주어야 할 경우도 있고
  (시공 면 콘센트나 조명선이 미 배선 된 경우 ex.조명 거울용 배선)도 있으며,
- 욕조 설치가 급히 요구되거나, 욕조 자리의 간단한 방수가 필요한 경우도 있다.

이럴 때마다 "현장 준비가 덜 됐으니 '철수!' "라고 하며
돌아서는 것이 옳은 것일까?

**좀 더 경쟁력 있고, 인기있는 타일러를 만들어 주는
몇 가지 소소한 기술들을 공부해 본다.**

기타 관련 시공

앵글밸브 풀기

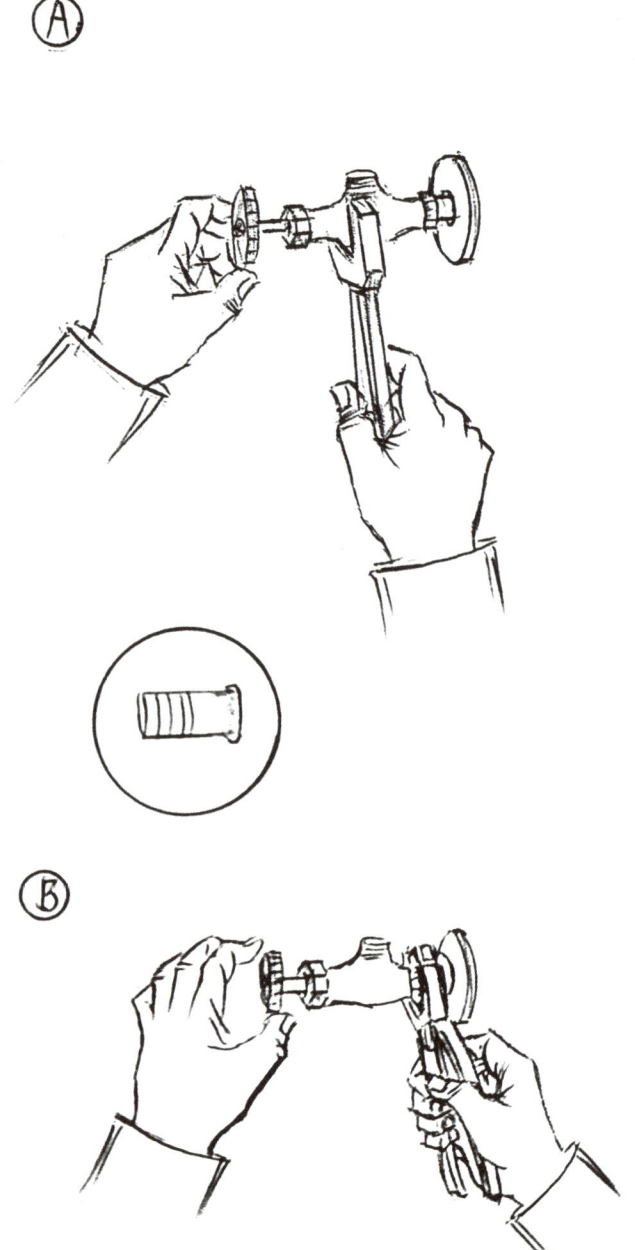

「앵글밸브 풀기」

주의
양수기함 잠그고 수압 빼기는 필수!

앵글 밸브 특히, 오래된 앵글 밸브를 푸는 경우에는 반드시 바이스 프레이어로 푸는 것이 좋다.

Ⓐ 처럼 일반 몽키로 푸는 경우에는 (제품에 따라서는) 그림처럼 몸통이 분리되어 난감한 상황에 봉착할 수 있기 때문이다.

Ⓑ 처음부터 바이스 프레이어로 원배관 부분을 꽉 잡고 돌려서 푸는 것이 좋다.

이때 WD 등의 윤활제를 뿌려 주기도 한다.

테프론 & 메꾸라

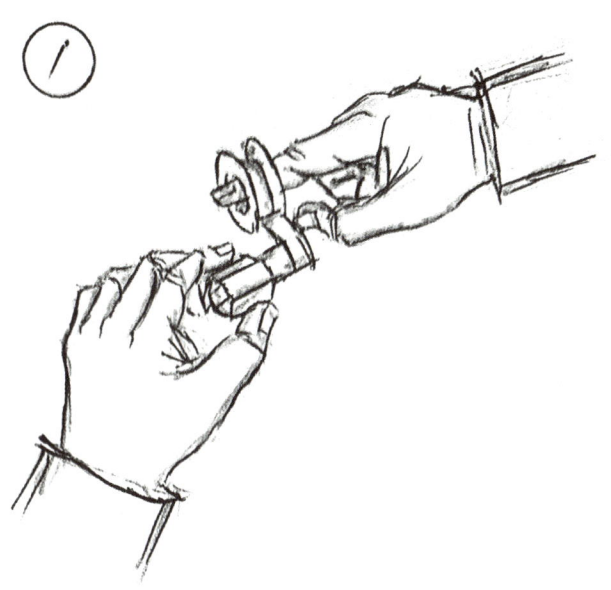

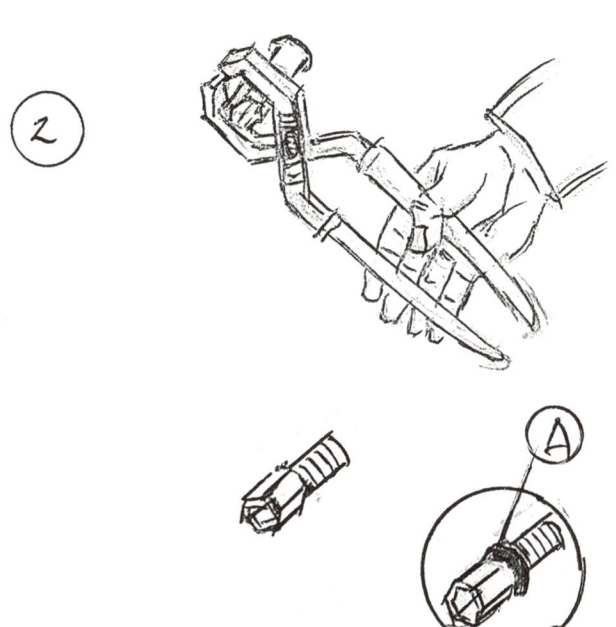

「테프론 & 메꾸라」

주의
양수기함 잠그고 수압 빼기!

① 테프론 테잎을 약 20회 정도
팽팽히 감아주고 나서 배관 구멍에 맞춰
손으로 감아서 조여 준다.

② 이후 첼라 또는 스패너로
다시 한번 조여 주면 끝.

TIP
Ⓐ처럼 고무링이 끼워져있는 제품은
테프론 테잎을 감지 않는다.

테프론 테잎은 시계방향으로
천천히 감는다.

조적(벽돌쌓기)

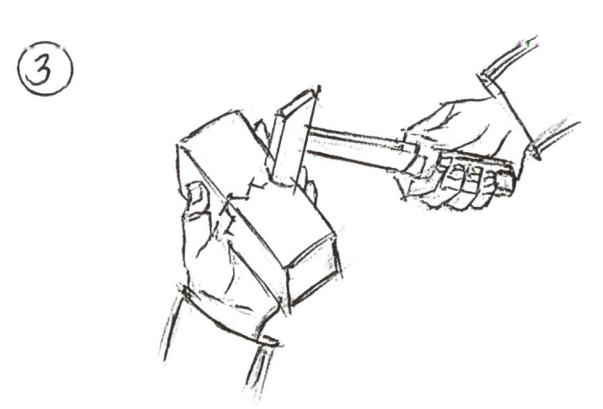

「조적(벽돌 쌓기)」
- 길이 쌓기.

① 벽돌을 쌓을 라인에 몰탈 반죽을 떠놓고 냉가고대의 밑면을 이용해서 균일한 두께로 편다.

② 곱게 펴진 반죽 위에 벽돌을 하나씩 올린다.

③ 벽돌은 그림처럼 망치로 치면 충격 때문에 원하는 크기만큼 커팅할 수 있다.

> **주의**
> 시공 면에 먼지가 많거나 물축임이 되지 않으면 바닥에 잘 부착되지 않을 수 있다.
>
> - 벽돌은 메지 간격(약 10mm)를 염두에 두고 쌓는다.

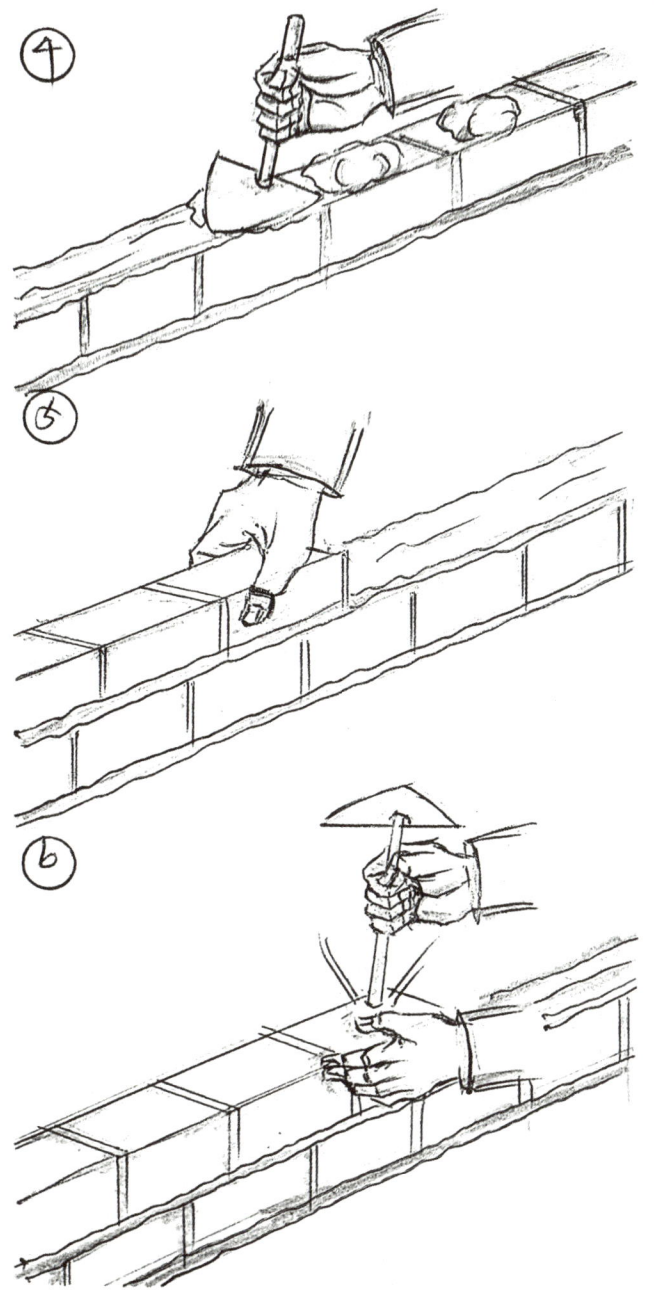

④ 쌓아진 1단위에 다시
　몰탈 반죽을 펴 바른다.

⑤ 이번에는 반타기 모양으로 쌓는다.

⑥ 벽돌을 쌓을때는 그림처럼
　망치 또는 고대로 툭툭 가볍게 치면서
　자리를 잡아주면 벽돌이 몰탈에
　더 잘 부착된다.

주의
벽돌을 쌓아 올릴때는 보통 '실띄우기'로
수직·수평을 맞추는데
지금은 간단한 조적 공부이기 때문에
'수평대'로 수직·수평을
확인하는 것으로 한다.

기타 관련 시공

조적(벽돌쌓기)

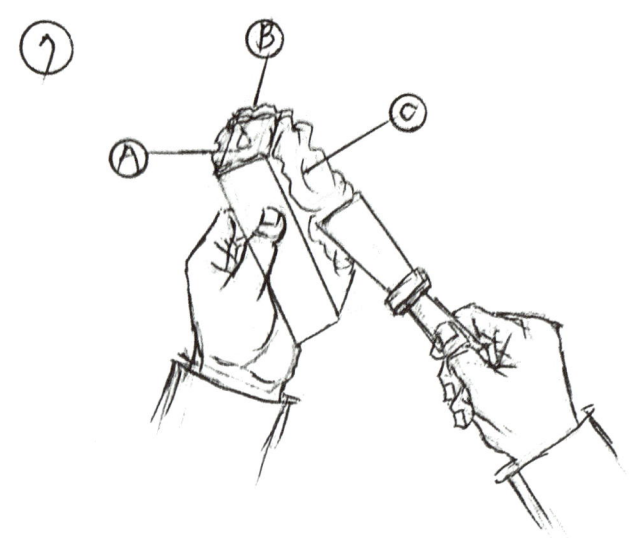

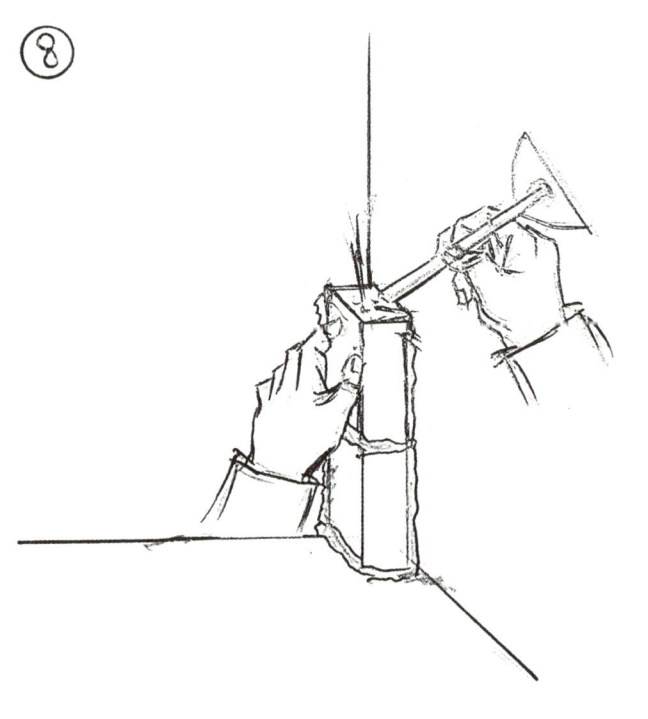

벽돌을 쌓을때는 벽돌에 닿는
모든 면과 몰탈 반죽으로 접착되어야 한다.

그림 ⑦과 ⑧에서 보듯이
Ⓐ면, Ⓑ면, Ⓒ면 모두 최종적으로는
몰탈 반죽과 닿게 된다.
 - Ⓐ는 보통 자리 잡은 후에
   몰탈 반죽을 얹힘.

욕조 설치

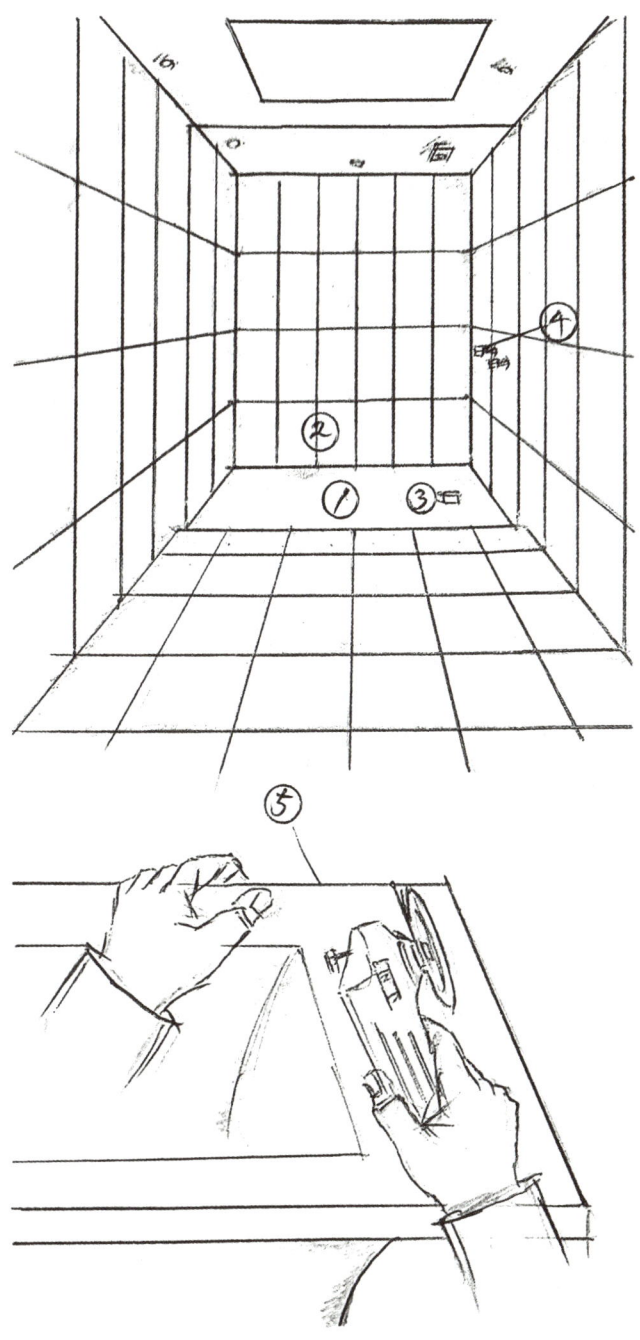

「욕조 커팅」

① 욕조 자리 바닥은 방수 필수.

② 삼면의 벽은 타일 시공을 안하기도 하고 욕조를 놓고 나서 욕조 윗면부터 타일 시공을 하기도 한다.

③ 배수구는 이물질이 들어가지 않도록 항상 유의해야 한다.

④ 냉·온수 수전 급수구는 욕조 설치 후 상판보다 최소 80mm 이상 위에 설치되어야 함.
 - 욕조 높이 조절 시(밑단 벽돌 쌓을 시) 염두에 두어야 함.

⑤ 욕조를 사이즈에 맞춰서 자를때는 반드시 배수구 반대쪽 날개면으로 커팅해야 함.
 - 단 사이즈를 많이 자를 때는 양쪽 모두 커팅.

주의
- 금속 커팅 날(그라인더)사용.
- 가림판도 커팅.
- 보통은 욕실 총길이(가로)에서 15mm 정도 빼고 커팅.

기타 관련 시공

욕조 설치

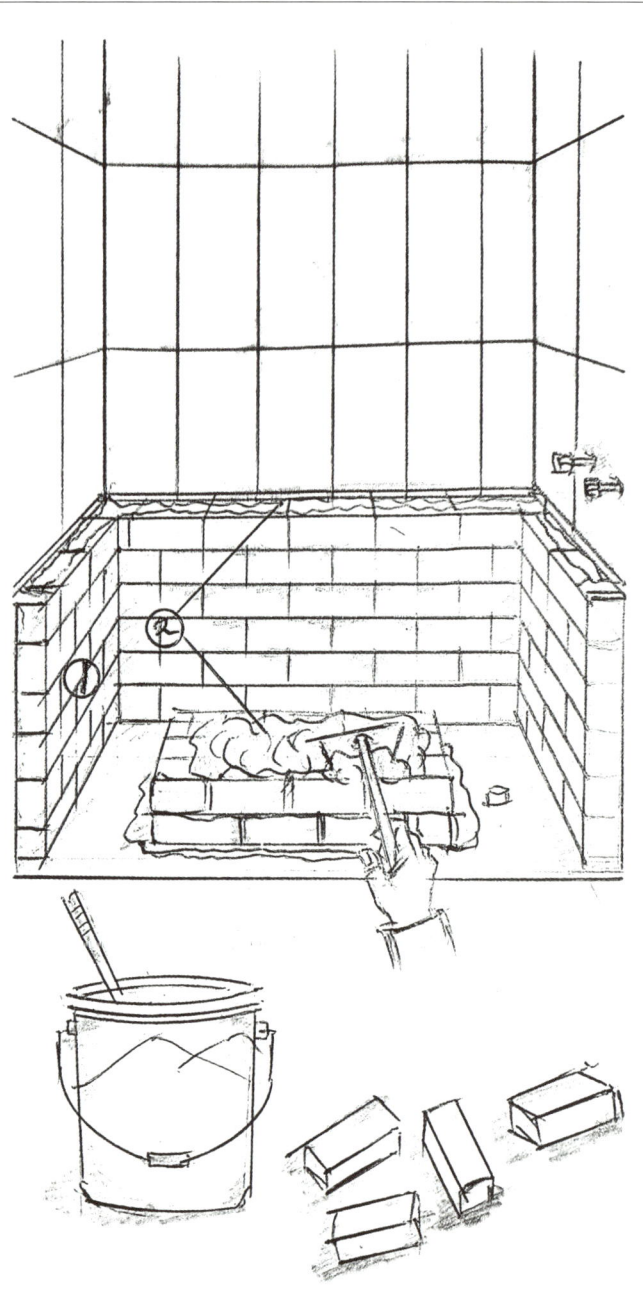

「조적 후 몰탈 반죽 올리기」

① 보통은 가운데 바닥 부분만
  높이조절을 위해 벽돌을 쌓지만
  더욱 견고한 욕조 설치를 위해서는
  삼면의 벽체도 욕조 높이에 맞춰
  벽돌을 쌓는 것이 좋다.

주의
배수관이 꺾이지 않고
나갈 수 있도록 유의!

② 벽돌 조적 위에 몰탈 반죽을 올려놓고
  (욕조가 자리 잡을때)
  욕조가 내려 앉으면서
  자연스럽게 눌려 고정되도록 한다.
  - 농도는 '된죽'정도의 농도가 좋다.

TIP
욕조의 높이를 맞추는 작업은
난이도가 무척 높다.
(가림판의 높이도 감안해야 하기 때문)
그래서, ①의 부분은 그냥 조적대신
욕조를 폼으로 고정 후 실리콘 마감하는것이
편하다.

「욕조 배수구 끼우기」

① 은 욕조 내부이고
   세가지 부속이 들어간다.

② 는 욕조 밑면이고
   두가지 부속이 들어간다.

보통 혼자 작업 시에는
한 손으로 욕조안의 부속을 끼워서 누르고
다른 손으로 욕조 밑 부속을 끼워돌리며
조립한다.(꽉 조인 후 첼라로 한번 더
조여주는 것이 좋음)

욕조 설치 후에는 반드시
'담수 테스트를 한다'
 – 가림판 설치 전.

기타 관련 시공

욕조 설치

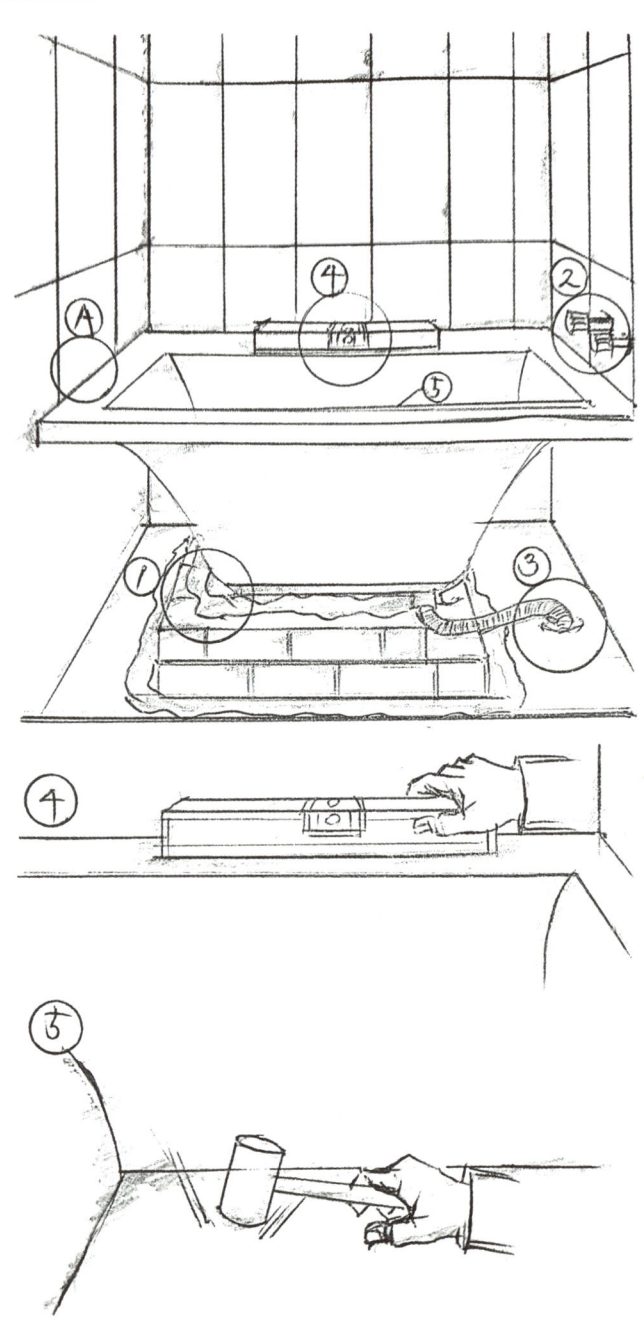

「욕조 앉히기」

욕조를 앉힐 때 주의 할 점은,

① 위에서 가볍게 내려 앉게 한 후에는
　가급적 다시 들리게 하지 말고,
　– 몰탈 반죽 때문.

② 수전 메꾸라 부위 조심.

③ 배수구를 꺾이지 않게 구멍에 끼움.

④ 이후, 수평대로 가로세로
　수평 확인하면서,

⑤ 욕조 바닥을 고무 망치로 살살 망치질.
　– 발로 살살 밟아도 됨.
　– 각 삼면의 Ⓐ부분은 추후
　　우레폼으로 고정.

TIP
욕조의 수평이 어느 정도 맞고
복소가 사리를 잡았다고 생각될 때에는
욕조와 벽돌 사이에 몰탈 반죽을
보강해 주는 것이 좋다.

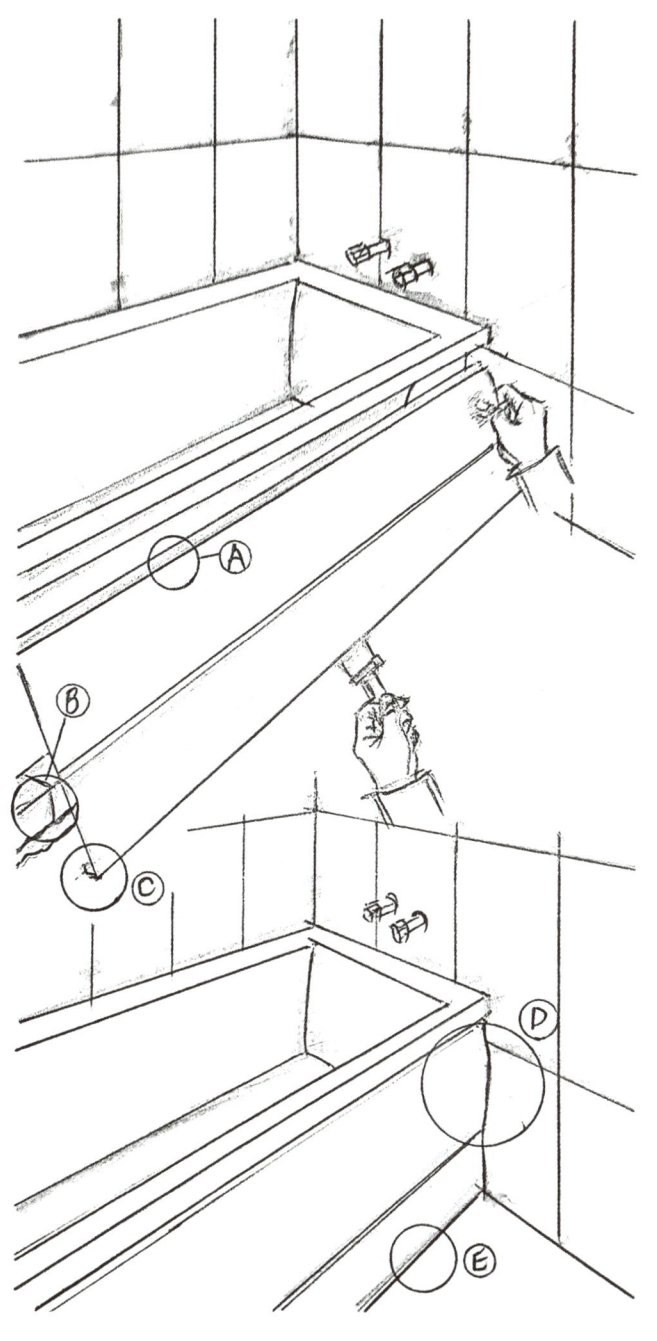

「가림막 시공」
– SMC 욕조

미리 사이즈에 맞춰서 커팅된 가림막은
그림과 같은 동작으로 서서히
욕조 턱에 Ⓐ를 끼우면서 밀어 넣는다.

이때, 욕조 하부 Ⓒ부분이 지나치게
쑥 들어갈 수 있기 때문에
Ⓑ처럼 벽돌을 몰탈 반죽과 함께
적당한 스톱 위치에 놓기도 한다.

추후 Ⓓ부분은 항균 실리콘으로,
Ⓔ부분은 백시멘트나 칼라멘트로
마무리한다.

> **TIP**
> 욕조 가림막 설치 시에는 끼우는 과정에
> 손이 들어갈 공간이 없기 때문에
> 애를 먹는 경우가 많다.
> 얇은 헤라 또는 굵은 철사를 준비하면
> 도움이 된다.

욕조 설치

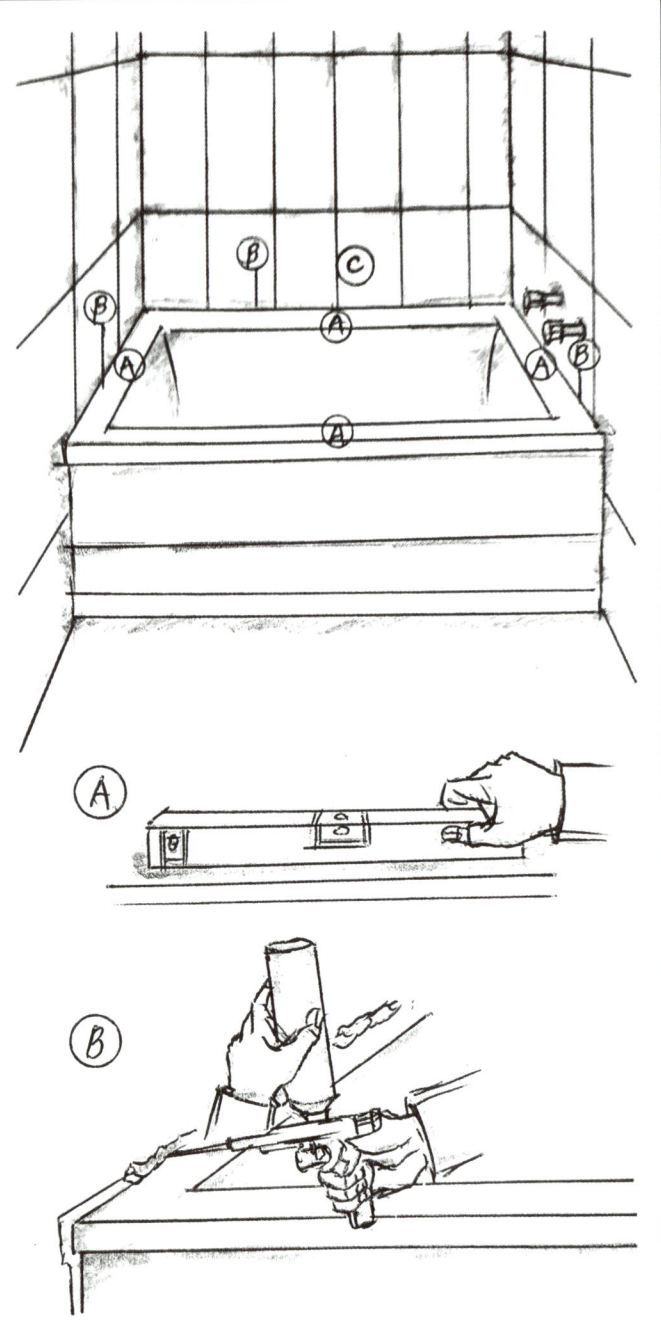

「수평 확인 및 폼 고정」

가림막까지 끼운 후에는
마지막으로 Ⓐ부분들에 수평대를 놓고
수평을 확인한다.

> **TIP**
> 간혹 일부 시공자들이
> 욕조 배수를 잘 시켜야 한다며
> 욕조를 일부러 기울여 시공해서
> 타일 뒷면 Ⓒ부분이 기울어 보이게
> 시공하는데 이것은 좋지 않다.
> 욕조안에는 수평상태에서도
> 이미 내부 물매(배수 경사도)가 잡혀있다.
>
> Ⓑ부분들은 우레폼 시공.
> – 추후 튀어나와 있는 부분을
> 커터칼로 잘라낸 후 실리콘 마감.

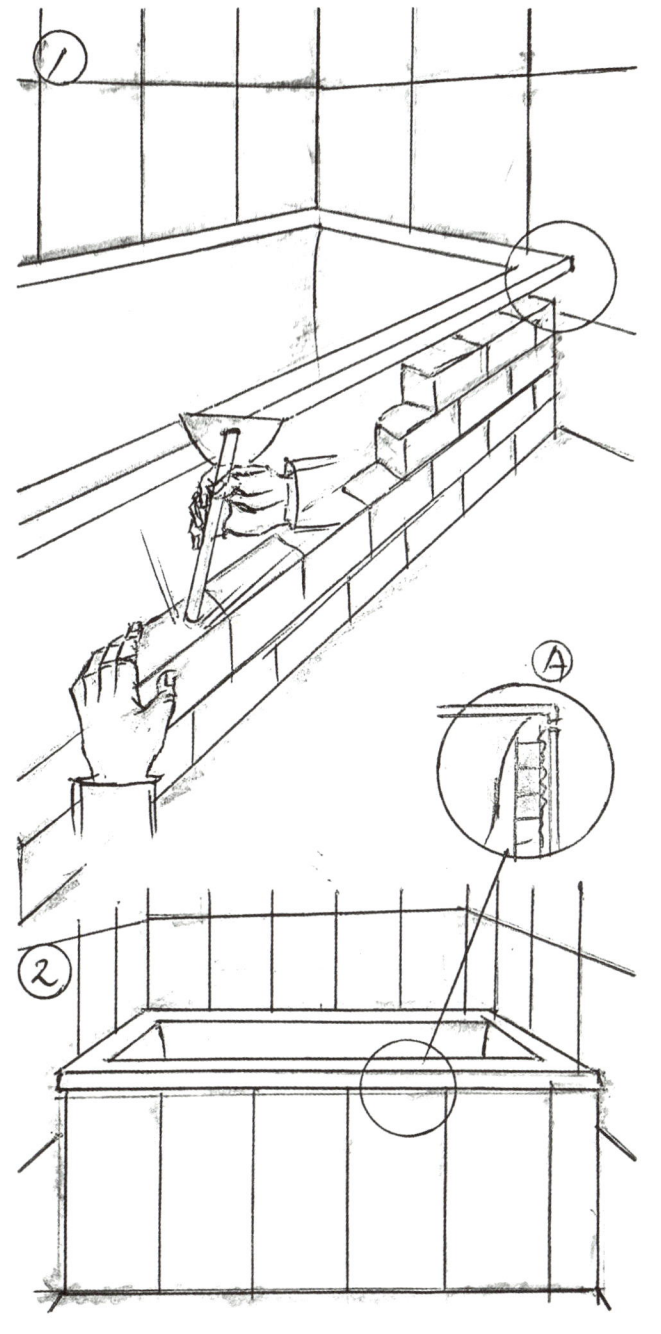

욕조 옆면을 가림막 시공을 하면
특히 SMC욕조(일반 욕조)인 경우에는
발에 살짝만 닿아도 쿵쿵거리고
미관상·안전상에도 좋지 못하다.

이럴 경우에는

① 조적을 쌓고,

② 타일 마감을 한다.

주의
이때 주의할 점은
Ⓐ처럼 타일 끝면이 욕조 상판과
딱 맞아 떨어지게 해야 하기때문에
조적 시 타일 두께 (약 8~10mm)와
접착제 두께(약 7~15mm)를 감안해서
20mm 전후를 들여 쌓아야 한다는 점이다.
(수평대 사용)

– 이 경우의 타일 접착제는
'압착 시멘트'나 '드라이픽스'를 사용한다.
(타일본드 사용금지)

기타 관련 시공

욕조 설치

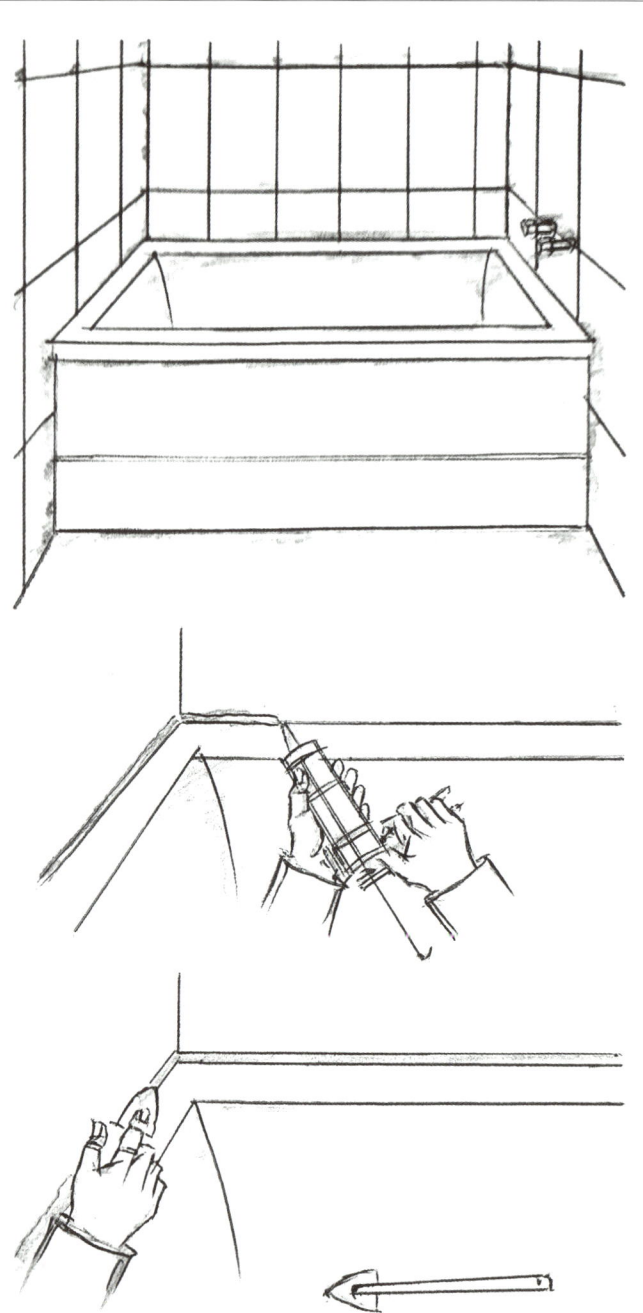

「실리콘 마감」

욕조의 윗면과 옆면을
항균 실리콘으로 마감.

① 실리콘을 약 7~10mm 정도의
   두께로(다소 두껍게) 쏘고,

② 실리콘 헤라로 매끈하게 잡아당긴다.

주의
실리콘은 겉마름이 시작되는 시간이
빠르기 때문에 실리콘 도포 후
바로 헤라로 당겨야 한다.

TIP
실리콘이 자꾸 헤라에 눌러붙는 경우에는
비눗물을 묻혀서 문지르면 편하다.

전선 연결법

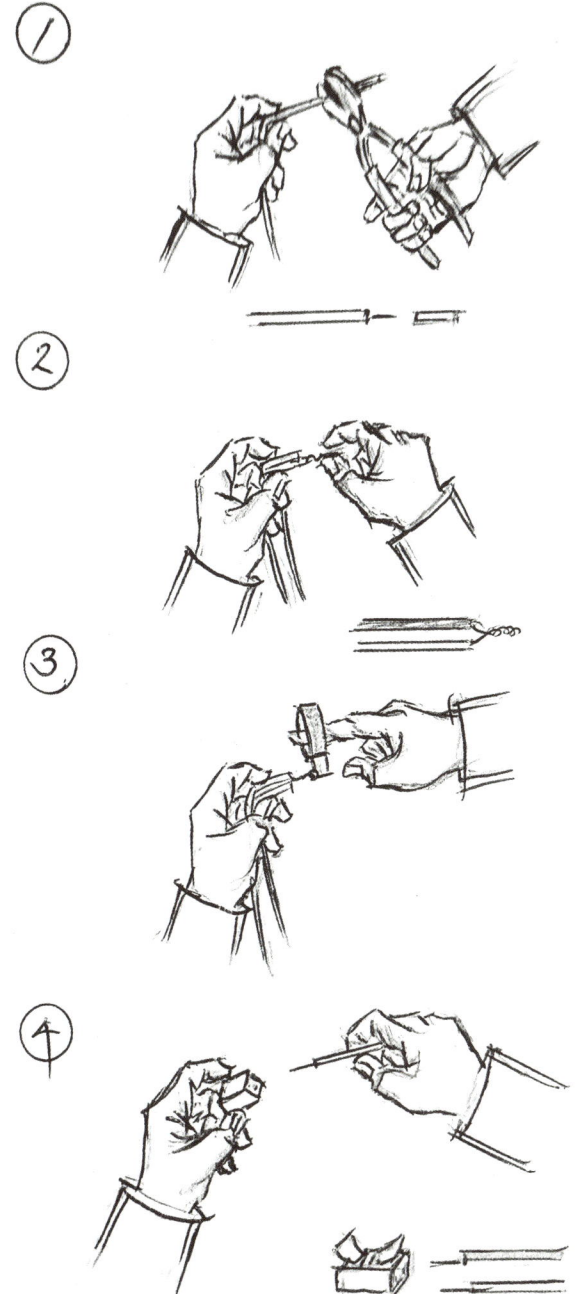

「전선 연결법」

① 전선의 피복 일부를 그림과 같이 쪽가위나 벤치로 금을 내어 돌리면서 잡아 껍질만 벗겨내고,

② 연결할 두선을 꼬아서 밀착 시킨 후,

③ 절연 테이프(전기 테이프)로 세게 감아준다.

④ 그림과 같은 커넥터(1구, 2구)를 이용하면 편하다.

욕실 벽 배수 설비

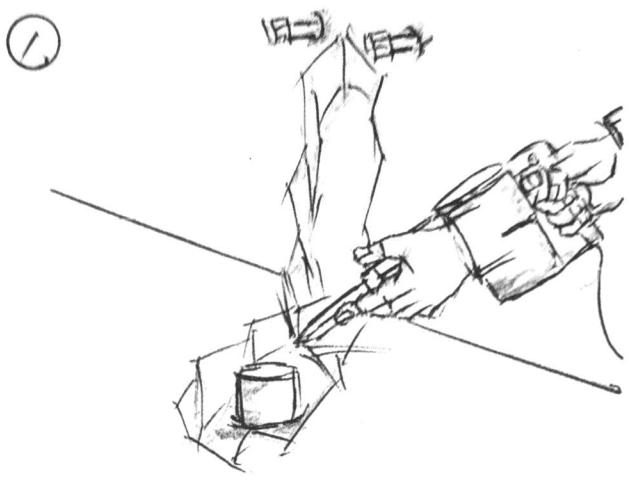

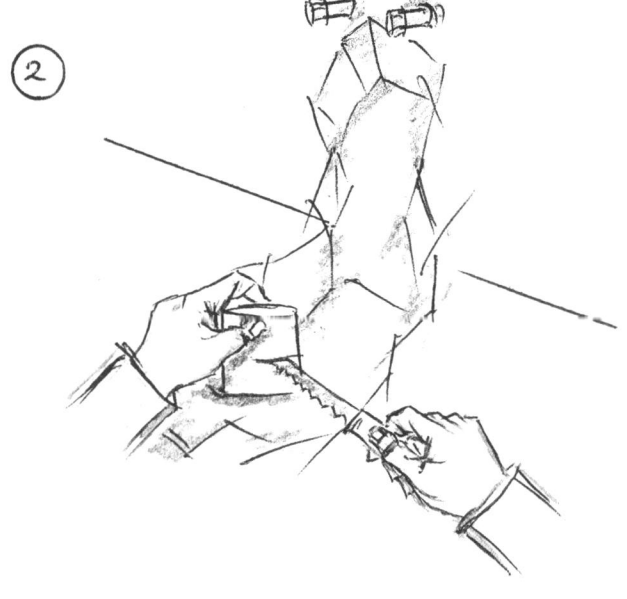

「바닥 세면대 배수관을 벽 배수관으로」

반다리 세면대 설치 시에는 세면대 밑으로
배수관이 보이지 않게하기 위해서
벽 배수 설비로 바꿔주는 것이 좋다.

① 브레이커로 배관이 들어갈 자리를
   파준다.(기존 배수관 파손 주의)

② 기존 배수관 주위는 좀더 깊이파고
   배관을 일부 자른다.

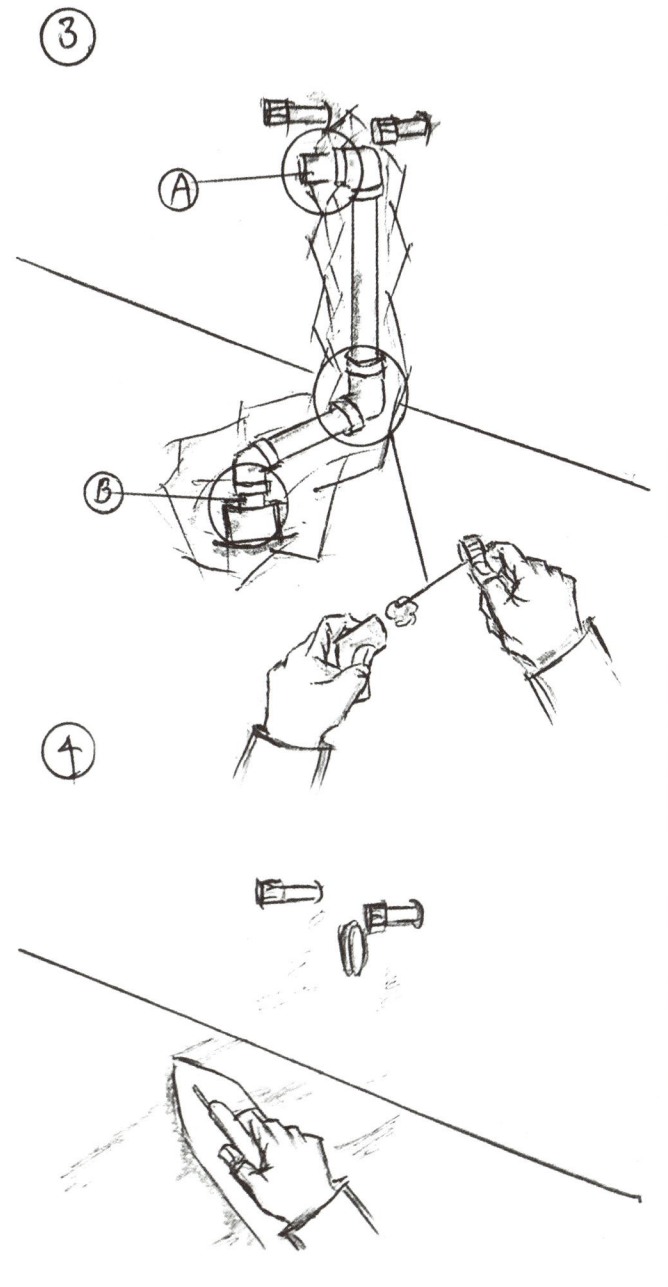

③ 35mm 배관과 엘보 3개로
그림과 같이 연결한다.
(부속 연결 시에는 PVC 본드를 바름)

주의
특히 Ⓐ와 Ⓑ부분에도
배관이 들어가야 하는 것에 주의!

- Ⓐ는 세면대 부속(배수 트랩)사이즈와
  맞아야 해서 반드시 끼워야 함.
- Ⓑ의 35mm 배관과 원 배수관
  (보통 50mm)의 갭(Gab)은
  우레탄 폼으로 채워 주는 것이 좋다.

④ **미장 마감.(몰탈)**

TIP
벽 미장 마감은 몰탈 반죽이
계속 떨어져 내려서 애를 먹을 수도 있다.
이 경우 작은 벽돌 조각들을
벽에 끼워 넣고 미장하거나
급결 방수액을 일부 섞어서 발라둔 후
재차 미장 작업하는 것이 낫다.

자가 기술 테스트

> **나의 훈련 성과는? : 이제 기본 훈련이 끝났다면 스스로 테스트를 해보자.**

■ 퀄리티

퀄리티의 기준은 '고객'이다.
자가 테스트는 보통 본인의 주거 공간에서 이루어지거나 지인의 집에서 이루어지므로 가족과 지인들이 '고객'의 눈으로 퀄리티 심사를 맡게 된다.

■ 시공 시간

① 하루(8시간 기준) 욕실 1칸의 벽타일, 바닥 타일 시공을 마치면 '초급' 합격.
② ①의 시공을 메지(줄눈) 시공까지 마치면 '중급' 타일러.
③ ①의 시공을 5시간 안에 마치면 '고급' 타일러 기준이다.(단, 퀄리티 심사 별도)
④ 기타 기준시간 '초급 타일러 기준'
 - 안방과 거실 발코니 바닥 타일(2베이), 줄눈 제외, 걸레받이 포함(창하) : 8시간 기준.
 - 주방 벽타일(줄눈 시공 포함) : 3시간 기준.
 - 현관 바닥 타일(줄눈 시공 포함) : 1시간 기준.
⑤ 나머지 타일들은 시공 변수가 많아서 시공 시간보다는 '퀄리티'를 중점적으로 체크한다.

■ 안전성 : 하자 없는 시공은 기본

이러한 초급 타일러 기준 테스트를 합격하면 간단한 공정으로 '지인'들의 주거 공간에 '무료 시공'을 몇 번 해보는 것이 좋다.

일반 고객들의 현장은 큰 돈이 오가는 치열한 '전장'이라서 실수가 용납이 안되기 때문에 미리 충분한 연습 시공을 몇 번 거친다.

첫 시공 잡기

모든 연습이 끝나면 일감을 잡는다.

■ 일감을 잡는 방법

① '타일 시공팀'에 소속되어서 그 팀의 일정대로 시공 다니는 방법.
② '타일 대리점'에 명함을 뿌리고, 그 곳 소개로 일감을 얻는 방법.
　(업체 의뢰 시공 및 고객 직접 의뢰 시공)
③ '바스 전문 시공 업체'에 소속되어 욕실 시공일만 하는 방법.
④ 인터넷 까페 '인기통' 등에 구직(일감) 글을 올리는 방법.
⑤ 개인 SNS나 블로그에 시공 포트폴리오를 올리고 시공 실력을 홍보하는 방법.
⑥ '숨고'등 플랫폼 업체에 등록해서 직접 일감을 얻는 방법.

이 중에서 처음에는 ⑥의 방법이나 ④의 방법으로 간단한 시공 위주의 시공 건을 선택해서 몇 건을 공사 해보다가 경력을 조금 쌓으면 이후 ②와 ⑤의 방법으로 지속해 나가는 것을 추천한다.

물론 자신의 실력 대비한 일당 일과 턴키 시공의 단가를 정해야 한다.
(어느정도 업계의 시공비 틀 속에서)
가령, 현재 기준으로 타일러 1명과 조공 1명, (일대일 1팀)의 일당 인건비는
50~55만원이 평균적이다.(기공 35만원, 조공 15~20만원)
 - 정해진 정가 금액은 없다. 각자 청구하기 나름
그리고, 통상 턴키 시공은 욕실 1칸이 55만원, 주방 벽타일(3평 기준) 25만원, 현관 바닥 타일 시공 20만원 선이고, 타일 평당 시공비는 5~6만원 선이다.
(순수 시공비만)

이것은 기준일 뿐, 타일 종류와 현장 상황에 따라서 시공비는 더 올라갈 수 있다.

모든 이의 건투를 빕니다!

인테리어 현장

> 현장에서 모든이들과 웃으며 인사하는 것은 기본 예의다.

시공을 나간 현장이 일반 살림집 일 수도 있고
(이 경우에는 반드시 보양 작업을 하고 분진과 소음에 주의, 하지만 이런 현장은 거의 없음)
인테리어 시공 현장일 수도 있다.

인테리어 시공 현장은, 상가는 보통 8시에, 아파트는 8시 30분 정도에 시공이 시작되어
11시 30분~1시까지 점심시간이고, 4시 30분~5시에는 현장 마감을 한다.

시공 전후의 시간과 점심 시간에는 소음과 먼지를 발생시키지 않는다.

그리고, 타 공정과 동선이 겹치지 않게 하고, 그라인더 커팅등 소음과 먼지 나는 작업은
한쪽 장소를 지정해서 분진 망과 깔판(바닥 보호용)을 설치하고 작업한다.

또한, 자신의 시공 폐기물은 깨끗이 청소해서 한쪽에 모아 놓는 것이 기본 에티켓이다.

작업 시작 전에는 미리 시공 면의 상태를 확인하고 자재와 부자재의 수량과 내용물 등을
체크해서 부족한 것이 있으면 미리 알려주어야 한다.(업체 또는 고객에게)

그리고, 사전에 시공 방식에 대해 의견을 나누고 시공이 끝나면 핸드폰으로 촬영해둔다.

니의 모든 공구들은 이동 가드에 실어시 이동하며, 한쪽에 질 징렬해 둔재로 사용한다.

마음에 여유가 생기면 음악을 들으며 시공하는 것도 좋다.
단, 너무 소리가 커서 주위의 '긴급'신호를 못 알아챌 정도라면 위험하다.

GOOD TILER

> GOOD TILER 란?
> '실력'으로 무장하고 ' 친절함'을 갖춘 시공자 일 것이다

자신의 시공에 책임을 지며,

끊임 없이 자신의 시공능력을 향상 시켜나가는

GOOD TILER 가 되시길…

에필로그

서툰 손 그림과 글솜씨로 어찌어찌 이 책을 2년에 걸쳐서 완성했다.

그런데, 만족감보다는 더 많이 설명해 드리지 못하는 아쉬움이 먼저 다가서는 것은
내 욕심이 크기 때문일 것이다.

'욕심을 많이 부렸다'

이 한 권의 책 만으로도 웬만한 타일러의 기본 실력과 소양을 갖추게 해드리고 싶었다.
그러나, 부족함이 많다는 사실을 내 스스로 고백하지 않을 수 없는 것이 지금의 심정이다.
하지만, 이것은 시작이고, 도전의 첫 걸음 이라고 생각한다.

세상에 '노력'으로 불가능한 일은 거의 없다는 믿음이 있다.

노력하기 싫어서가 아니라 '일'을 못 찾아서 방황하고
실직의 늪에 빠져들 수 밖에 없었던 이들이 모두 함께 웃으며 살아갈 수 있도록
나의 미약한 재능을 다 쏟아붓고 싶다.

집필을 마치고 돌이켜보니 '기술'을 설명하는 책을 쓴다는 것은
엄청난 도전이지만
이 책이 최초라는 만족감 또한 큰 것 같다.

오랜 기간 이 책을 집필하며 인내의 시간을 보내는 동안
항상 곁에서 도와준 분들에게 진심으로 감사를 드리며,

**'타일러'의 길을 선택하고 나아가시는 모든 분들에게
'성공의 열매'가 가득 맺히길 기원한다.**

IM1 : Interior Master 1

만일 이 한 권의 책으로
'타일러'의 기본 능력을 갖추는데 도움이 될 수 있다면,
결코 나의 노력이 헛되지 않았음에 감사할 것이다.

TILER 타일러 **타일의 기술**

공저	IM1(Interior Master 1) · 이종덕 · 전종학
찍은날	2025년 10월 27일(초판 1쇄)
발행일	2025년 10월 30일
펴낸곳	하이맥
편집	두애드
인쇄	영신사
출판등록	2025년 8월 20일 제 2025-000061호
주소	경기도 안양시 만안구 안양로 111
문의전화	070.8887.6303

값 45,000원

※ 파본이나 잘못된 책은 바꾸어 드립니다.

ISBN 979-11-994397-2-6

이 책은 지은이와 하이맥이 발행한 것으로 무단 전재와 무단 복사를 금하며,
이 책의 내용을 이용할 시에는 반드시 지은이와 하이맥의 동의를 얻어야 합니다.